13億人のトイレ

下から見た経済大国インド

佐藤大介

角川新書

はじめに

インドにはさまざまな「枕詞《まくらことば》」がある。

ヨガやアーユルヴェーダの聖地であり、多くの神々が宿る「神秘の国」。多くの人たちが集まり、喧噪《けんそう》と無秩序さにあふれた「混沌《こんとん》の国」。豊富なスパイスを用いて、地域ごとに異なる味を楽しめる「カレーの国」——。だが、この一〇年ほどで擡頭《たいとう》してきたのは「経済成長を続ける国」「世界の投資家やビジネスパーソンが注目する国」といった「経済大国」をイメージさせる枕詞だ。約一三億のインドの人口は、二〇二七年には中国を抜いて世界一の規模になると予測されており、若年層の多い巨大市場に対する注目度は高い。国内総生産（GDP）が世界五位の規模にあるインドが、二〇二八年までに日本とドイツを追い抜いて世界第三位に躍り出るとの予測もある。高齢化と人口減の問題に直面する日本にとって、インドが魅力的な市場に映るのは当然のことだろう。

国際協力銀行（JBIC）が二〇一九年一一月に発表した「わが国製造業企業の海外事

業展開に関する調査報告」というアンケート結果がある。海外進出で実績のある日本の製造業の企業約一〇〇〇社を対象に、今後の有望な海外投資先について尋ねた調査だ。そこでインドは中国を抑えて一位となった。インドがトップに躍り出たのは三年ぶりのことだ。背景には、米国と中国による貿易摩擦の影響で、対中投資を控える動きが出てきたことの影響もある。だが、報告書では「日本企業によるインド事業が幅広い業種で本格化する兆候も確認できており、今回の順位変動が一時的なものとは言い切れない可能性もある」とも指摘している。それほどまでに、インドに向けられた視線は熱いのだ。

スピリチュアルな世界に関心のある人や、世界を旅するバックパッカーたちを中心に、どこかマニアックで通好みな雰囲気をまとってインドが語られていた時代は、もう過去の話となっている。

でも、どこかしっくりこない。

GDPなど公式に発表される数字や、人口の過半数が三〇歳未満という日本とは真逆な人口構成のグラフを見ると、インドが「経済大国」へ向かっていることに疑いを挟む余地はない。安全保障の分野も含めると、国際社会におけるインドの立ち位置は、今後も重要なものであり続けるだろう。だが、数字などのデータから描き出されるインドが、本当のインドの姿なのだろうか。「経済大国」という大文字で語られるインドと、街中を歩きながら自ら体感するインドを重ね合わせると、どうしてもズレが出てきてしまうのだ。

ニューデリーで車の後部座席でウトウトしていると、ドアのガラスを叩《たた》く音で起こされることが何度もある。物乞《ものご》いたちが恵みを求めて、何度もノックをしてくるのだ。うつろな目をしながら赤ちゃんを抱える女性や、学校には通っていないであろう幼い子どもたちは、インドの経済成長とは無縁の日々を送っているのだろう。世界銀行による二〇一五年の調査では、人口の約一三%が一日一・九ドル（約二〇五円）未満の極貧状態での生活を強いられている。いくら街中に豪華なショッピングモールができ、自動車の数が増えていっても、経済成長からこぼれ落ちた人々にとっては別世界の出来事に過ぎない。

インドでは日本の円借款による支援によって、新幹線方式を採用した初めての高速鉄道計画が進んでいる。その一方で、在来線の遅れや事故は日常茶飯事で、安全に対する意識も低い。「経済大国」という言葉の背後には、そうしたバランスの悪さが存在している。

インドに駐在する日本企業の社員と話をしていたとき、ＪＢＩＣのアンケート結果が話題になった。私は「インドで仕事をしていても、ここが最も有望な投資先と思うか」と、やや意地悪な質問をした。深刻な大気汚染や衛生環境の劣悪さだけではなく、押しの強いインド人との間でのビジネス上のトラブルはよく耳にする。その社員は、苦笑いを浮かべながら「本社のエアコンが効いた役員室で、データだけを見ながら考えると『有望』と思うでしょう」と答えた。遠く離れた日本で、インドに横たわるさまざまな問題に目を向けず、数字だけで「有望市場」と判断することなど「上から目線に過ぎない」というのが、その社員の抱いた思いだった。

なるほど、確かにインドの「経済大国」ぶりを語るとき、市井の人たちの暮らしよりも、経済データに軸足が置かれることが少なくない。日々の生活に目を向けても、ニューデリーやムンバイ（旧ボンベイ）といった大都会と、総人口の約七割が暮らす農村部では風景や感覚はまったく異なる。インドの経済発展を「上から目線」ではなく、もっと足元から描くことのできるキーワードはないだろうか。そう考えあぐねて、たどりついたのが「トイレ」だった。

誰もが毎日使っているトイレだが、インドでは地域（都会か地方か）、収入（富者か貧者か）だけではなく、ヒンズー教の身分制度「カースト」でどの位置にいるかによって、そのイメージが大きく異なっている。経済成長によって携帯電話の契約件数が一一億件を超えながらも、五億人がトイレのない生活を送っているというのは、あまりにもいびつと言えるだろう。

首相のナレンドラ・モディは、インド全土にトイレを普及させる運動を主要政策に掲げたが、成果には疑問符がつきまとい、農村部を中心に野外排せつの習慣は根強く残る。トイレ設置を進めても人口増加に下水道の設置は追いつかず、ヒンズー教徒にとって「聖なる川」であるガンジス川はひどく汚染されてしまった。排せつ物の処理や下水道の清掃にあたる低カーストの人たちが、劣悪な労働環境で死亡する事故も少なくない。一方で、トイレにビジネスの好機を見いだす経営者たちもいる。

トイレを通じて「下から目線」で見つめたインドは、順風満帆な経済大国の姿とは異なる。矛盾や問題を抱え、それが放置されたままの側面もあれば、変化を遂げようとしているところもある。決してクリーンな話ばかりではない。だが、そこからは「経済大国」を目指す上で、避けては通ることのできない現実が見えてくる。

本書はトイレをテーマに、六つの章で構成されている。冒頭には、モディが看板政策の一つとして掲げた、インド全土へのトイレ普及を目指す「スワッチ・バーラト」について、その実像を記した。さらに、農村部と都市部でのトイレ普及や衛生環境に関する状況について触れている。第四章では、インド社会に深く根差しており、トイレとも密接にからんでいるカーストを取り上げた。低カーストや清掃労働者の状況、ガンジーとのかかわりなどを扱っているが、インドとトイレの関係を考える上で避けて通れない大きな問題なだけに、ほかの章よりも紙幅を割いている。

第五章では、インドでトイレを新たなビジネスとして選んだスタートアップ企業の動きや、商機を見いだしている日本企業の動きを追った。さらに、終章では新型コロナウイルスの感染が拡大する中で、苦しい生活を強いられた貧困層や清掃労働者のエピソードから、コロナ禍が浮かび上がらせたインドの問題点について記している。

文中の名前は敬称略とした。インドの通貨ルピーについては、一ルピー＝一・六円で計算している。

目次

インド概要図

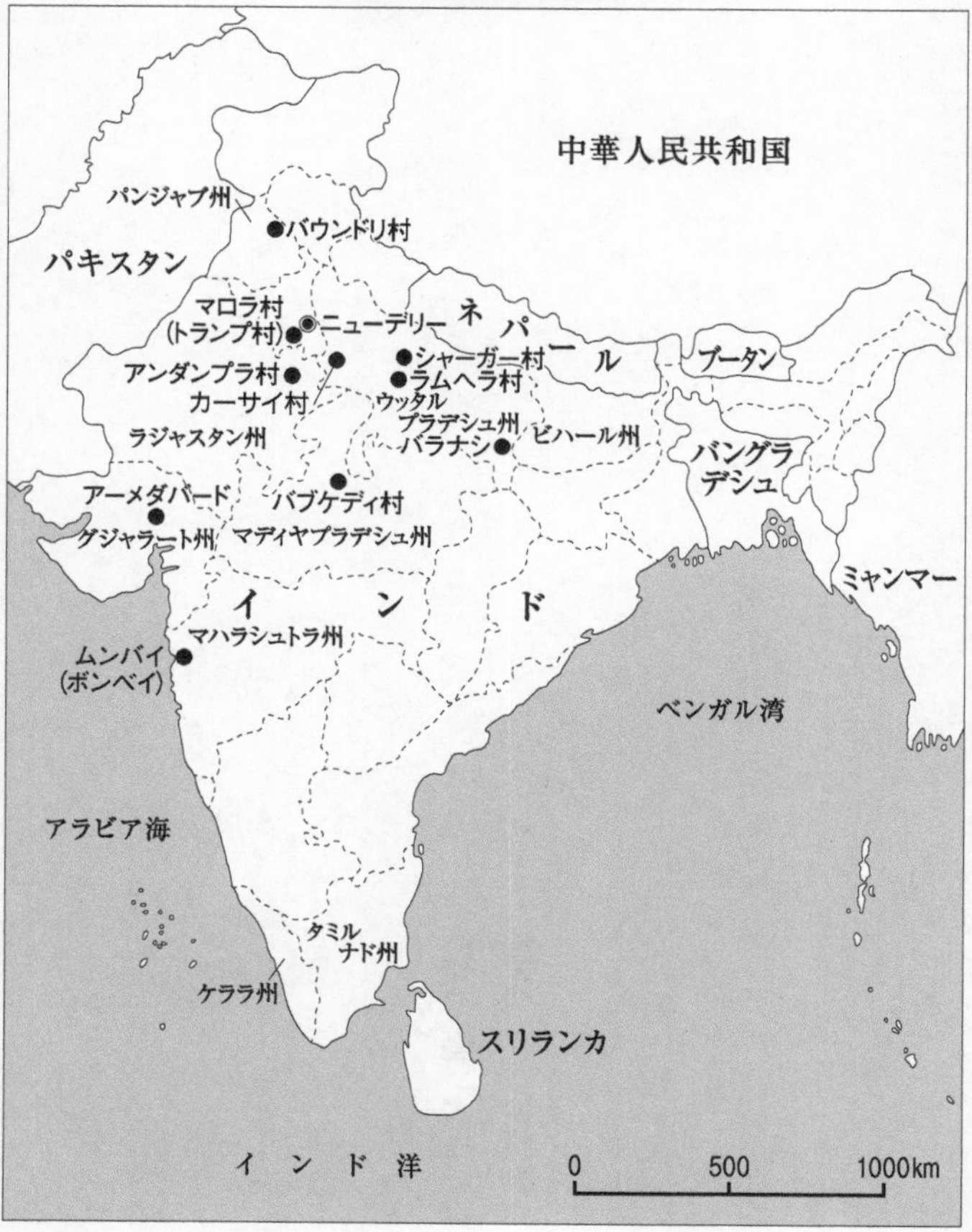
中華人民共和国
パンジャブ州
バウンドリ村
パキスタン
マロラ村
(トランプ村)
ニューデリー
ネパール
アンダンプラ村
カーサイ村
シャーガー村
ラムヘラ村
ウッタルプラデシュ州
ブータン
ラジャスタン州
バラナシ
ビハール州
バングラデシュ
アーメダバード
バブケディ村
グジャラート州
マディヤプラデシュ州
ミャンマー
インド
マハラシュトラ州
ムンバイ
(ボンベイ)
ベンガル湾
アラビア海
タミルナド州
ケララ州
スリランカ
インド洋
0
500
1000km

地図・表　本島一宏
写真　佐藤大介

第一章

「史上最大のトイレ作戦」

——看板政策の実像と虚像

ガンジー誕生日

一〇月二日はインドにとって特別な日だ。

非暴力・不服従を訴え、「インド独立の父」として知られているマハトマ・ガンジー（一八六九〜一九四八）の誕生日で、インドでは休日となっている。インドには、人口の約八割を占めるヒンズー教徒のほか、イスラム教徒やキリスト教徒、シク教徒などさまざまな宗教的背景を持った人たちが暮らしている。さらに国土の広大さから地域によって異なった文化や習慣を持ち、休日は州や宗教によってバラバラになっている。州や宗教ごとに違ったカレンダーがあるくらいだから、何ともややこしい。州や宗教に関係なく「国民の休日」と定められているのは「共和国記念日」（一月二六日）、「独立記念日」（八月一五日）、そしてガンジー生誕日の三つしかない。

とりわけ二〇一九年は、ガンジーの生誕一五〇年という節目の年でもあった。新聞や雑誌ではガンジーの軌跡をたどる特集が次々と組まれ、テレビでも当日の朝から特別番組を放送し、過去の映像を交えながらインドを独立に導いたガンジーの功績をたたえていた。

だが、この日は功績をたたえられる人物がもう一人いた。それはインド首相のナレンドラ・モディだ。ちょうど五年前、モディが提唱した政策「スワッチ・バーラト」（Swachh

Bharat）が成功を収めたというのが、その理由だった。

「スワッチ・バーラト」

モディは首相に就任してから間もない二〇一四年一〇月二日、ガンジー生誕日を祝う演説の中で、「スワッチ・バーラト」を重要政策として打ち出した。「スワッチ・バーラト」は、ヒンズー語で「クリーン・インディア（きれいなインド）」を意味する。ガンジーが衛生政策に熱心だったことに倣い、インドの衛生環境を向上させることが目的だった。

モディは演説で「ガンジーは、インド全体に清潔に対する意識を生み出した」「インドの隅々をきれいにする。それは私たちにとっての社会的義務ではないだろうか」と訴えた。「世界の国々が清潔に見えるのは、その国の市民たちがゴミをポイ捨てすることをせず、それを許さない規範があるからだ」とも述べている。

日本にはインド好きな人たちが数多くいる。だが、たとえどんなにインド愛が高じたとしても「インドは清潔な国だ」と言える人は、まずいないだろう。街を歩けばあちこちに残飯やペットボトルなどのゴミが散乱し、ただ放置されているだけとしか思えない「ゴミ捨て場」からは、鼻が曲がりそうなほどの悪臭が漂ってくる。かといってインドに暮らす多くの人たちは、それを大して気に留める様子もなく、そうした「不潔さ」は日常的な風景になってしまっている。モディが、衛生に対する考え方を変えることの必要性を強調したのは、インドが国際的な地位向上を図ろうとする中では至極真っ当なことと言えるだろう。

では、具体的に「クリーン・インディア」を実現するには、何が必要なのだろうか。モディが力説したのが、トイレに関する環境の改善だった。モディは「クリーン・インディア」に向けた取り組みとして「トイレをつくること」を挙げ、こう述べた。

「私たちの村では、六〇％以上の人々が屋外で用を足している。母親や姉妹でさえも、それを強いられている。この苦しみをなくす必要がある」

「今日でも、女子専用のトイレがない学校がたくさんある。それを変えていく必要がある」

「汚物を取り除く仕事は、サファイ・カルムチャリ（筆者注：道路や下水道の清掃作業にあたる人たちのこと）だけに任せていいのだろうか。それは国民全ての義務ではないだろうか」

政策の浸透を図るため、ガンジーが愛用し、トレードマークともなった丸眼鏡をモチーフにしたデザインが、「スワッチ・バーラト」のロゴマークとして採用された。モディは「これは単なるロゴマークではない。眼鏡を通して、ガンジーが私たちの清掃活動を見ているのだ」と、人々に訴えかけるのも忘れなかった。「スワッチ・バーラト」の実施期間は五年間。二〇一九年のガンジー生誕日までに、約一億二〇〇〇万基のトイレを新たに設置し、屋外での排せつをゼロにするという壮大な目標を打ち立てた。インド内外のメディアは「史上最大のトイレ作戦」と報じ、一気に注目を浴びることとなる。

人口の半分がトイレのない暮らしをしている

そもそも、インドのトイレ事情はどうなっていたのだろうか。

インド政府は一〇年に一度、国勢調査を行っているが、二〇一一年の調査ではトイレを持たない世帯の割合は五三・一％にのぼっている。二〇〇一年の調査では六三・六％だったので、そこからはやや減少しているものの、一三億の人口のうち半数以上がトイレのない暮らしをしているということになる。きれいなトイレが当たり前となっている「トイレ先進国」の日本に住む人たちにとっては、とても信じられない数字だ。

このような結果は、国際機関の調査でも同じだ。国連児童基金（ユニセフ）と世界保健機関（WHO）が二〇一五年に行った調査では、インドにおいて野外で用を足している人の数は約五億六四二五万人。ここでも人口の四割以上が、トイレとは縁のない生活を送っていることが示されている。

ユニセフの調査では、全世界で野外排せつをしている人の数も示されており、その数は約九億六四〇〇万人。そのうちの約五億六四二五万人がインドの「野外排せつ人口」であるのだから、世界の「トイレなし人口」のうち、実に六割ほどがインドに集中していることになる。二位のインドネシア（五一一四万人）、三位のナイジェリア（四五八八万人）、四位のエチオピア（二八六九万人）などと比べても、その規模はケタが一つ違うのだ。

野外排せつによって、人々は不衛生な環境に置かれている。これは、特に抵抗力の弱い子どもにとっては命に関わる問題となる。感染症によって死亡する五歳以下の子どもは、年間一二万人に達しているという。その八割は経口感染で、専門家からは、井戸や水源の近くで用を足すことが繰り返された結果、水が汚染されたためだと指摘されている。

家にトイレはないけれど、携帯電話ならある

一方で、インドの携帯電話の契約件数は二〇一八年には一一億件を超えている。一人で複数台を契約していたり、法人契約の場合も含んでいたりするので単純には言えないが、ほとんど「一人一台」といえる普及具合だ。確かに、電気が十分に通っていないようなインドの農村部へ行っても、そこに住む人たちの多くは携帯電話を持っている。インターネットの加入者は五億六〇〇〇万人、アプリのダウンロード数は年間一二〇億にのぼるという。

「家にトイレはないけれど、携帯電話ならある」というのは、生活をする上での優先順位という意味において、日本で生まれ育った者としては簡単に理解できない感覚だ。毎日を過ごす上で欠かせない「トイレ」が家に備わっていないというのは、「家にテレビはないけれど、パソコンならある」といった類《たぐ》いの話とは、次元がまったく異なる。巨大市場と急速な経済発展で、日本を含む各国からの熱視線が注がれてきたインドは、実は「野外排せつ大国」でもあったわけだ。

スワッチ・バーラトの「成功」

モディが「史上最大のトイレ作戦」を宣言してから五年。ガンジー生誕一五〇年となる二〇一九年一〇月二日、モディはインド西部グジャラート州アーメダバードにある「サバルマティ・アシュラム」にいた。ガンジーが居住し、修行施設として使われていたその場所で、生誕一五〇年の記念行事とともに「スワッチ・バーラト」の成功を祝う祝典が開かれていたのだった。

モディは、約二万人の聴衆を前に「五年間で六億人にトイレがもたらされ、一億一〇〇〇《ママ》万以上のトイレが建設された。女性たちは（野外排せつのため）暗くなるまで待つ必要がなくなった。（不衛生による）病気で何十万の命が奪われていたが、いまは助かっている」と、声を張り上げた。インドの全土で野外排せつゼロが達成されたとし、「スワッチ・バーラト」は「大成功した」と強調した。

「世界はこの成功に驚いている。全世界は我々に対して敬意を払っている」

上気した表情で語るモディ。その言葉を下支えするかのように、インド政府による「スワッチ・バーラト」の公式ホームページはこの日、インド全ての州や都市が「野外排せつゼロ」を宣言したとして、全土を緑色に塗りかえた。二〇一四年一〇月には三八・七％に過ぎなかった「野外排せつゼロ」宣言の州や都市が、五年間で一〇〇％に達したというのだ。ホームページによると、この五年間で新たにトイレが設置されたのは一億二八六万七二七一世帯。「野外排せつゼロ」を宣言した村は六〇万三一七五にのぼる。

中国や北朝鮮のような全体主義国家ならまだしも、インドは普通選挙と議会政治の行われている「世界最大の民主主義国家」である。さまざまな意見がある中で、政府の掲げた方針をここまで徹底させるのは並大抵のことではない。モディ政権には、それを実行できるだけの強力なリーダーシップがあるということか、または、事実に誇張が加えられているかのどちらかだ。

使われていないトイレ

ニューデリーから車で南に約六時間。幹線道路の両脇には畑が広がり、点在するレンガ工場からは煙がのぼっている。横道に入り、陥没して水溜《みずた》まりだらけの粗末な舗装道路を進んでいくと、インド西部ラジャスタン州のヒンダウン市に着いた。広大なタール砂漠を有するラジャスタン州だけあって、通りには牛のほかにラクダも闊歩《かっぽ》している。そこからさらに一時間ほど車を走らせると、キビ畑に囲まれた小さな集落が現れた。人口約一八〇〇人のアンダンプラ村だ。傾きかけた電柱には、細い電線がたるんでつながっている。電気の供給も不十分なこの村が「野外排せつゼロ」を宣言したのは、二〇一八年一〇月のことだ。村内を歩くと、学校など公共施設の塀にトイレの使い方を示した絵が描かれていた。

カメラをぶら下げながら歩いている外国人の姿が珍しかったのか、中心部にある広場で村人に話を聞いていると、どこからともなく人々が集まってくる。いつの間にか、周りには二〇人ほどの男たちで人だかりができていた。そこで、彼らにある質問をしてみることにした。

「皆さんの中で、家にトイレがある人は手を挙げてくれませんか」

そう尋ねると、一人だけが手を挙げた。そこで、もう一つ、別の質問を投げかけてみた。

「では、皆さんの中で、今でも野外で用を足している人は手を挙げてください」

そうすると、全員が笑いながら手を挙げた。私が少し驚いたような表情を浮かべていると、初老の男性が手を挙げながら口を開いた。「昔から外で用を済ませてきたんだ。今になって変える理由もない」。妙に力強い言葉に、その場にいたほかの男性たちが次々と首を横に振る動作をした。日本では否定を示すような動作だが、インドで首を横に振るのは、同意や肯定を意味している。誰もが、その男性の言い分に納得している様子だった。

トイレは妻のたっての希望でつくられた

アンダンプラ村にあるトイレは一〇基ほど。家にトイレがあるかとの質問に、唯一手を挙げたポラン・サイニ（五〇）の自宅庭には、そのうちの二基があった。トイレを設置したのは二〇一八年末。一基当たり約二万五〇〇〇ルピー（四万円）の費用は銀行から借金して充てた。キビの栽培と飼っている水牛のミルクを売って生計をたてているサイニにとって、年収の一〇分の一程度にあたる額だ。だが、そのトイレをサイニは使っていない。

「せっかくトイレをつくったのに、使わないのはもったいないですか」

「そうかもしれないけど、トイレを掃除したり、水を管理したりするのが面倒だ。それに、地下にあるタンクが（汚物で）いっぱいになれば、回収する費用もかかるだろう」

「じゃあ、トイレに行きたくなったら、どこで用を足すのですか」

「あそこだよ」

サイニは、笑いながら裏庭の雑木林を指さした。そこは、以前から「トイレ」として使ってきた場所でもある。自宅庭にあるトイレは、二基のうち一基が使われないままになっており、農作業の道具などを収納した物置と化していた。

自分では使わないのに、なぜトイレをつくったのか。それは妻のプレムアティ（四五）が望んだからだった。

「政府が『女性のためにトイレをつくろう』と宣伝しているので、妻がそれに感化されてしまったのですよ」

苦笑いしながら話すサイニの傍らで、プレムアティは恥ずかしそうな表情を浮かべていた。

「どうしてトイレをつくってほしいと思ったのですか」

「政府がトイレをつくろうと呼びかけているのを見て、トイレのある暮らしをしてみたいと思ったのです」

「外で用を足すのとは違うでしょう」

「そうですね。外だと周りの目も気になります。トイレをつくって最初はどうやって使うのかわからなかったのですが、今はもうすっかり慣れました」

プレムアティは、話し終えると照れたような笑みを見せた。近隣の女性たちも、サイニ宅のトイレを使いに訪れるという。村の男性たちにとっては負担にしか感じないトイレの設置も、女性たちには生活だけではなく、気持ちの変化をもたらすきっかけとなっていた

アンダンプラ村に住むサイニとプレムアティ

のだ。

「野外排せつゼロ」のカラクリ

一方で、当然ながら湧いてくる疑問がある。ほとんどの男性が野外で用を足しているのにもかかわらず、なぜアンダンプラ村は「野外排せつゼロ」を宣言したのかという点だ。その疑問を確かめるために、村人から住所を聞き、村長のチャンドラパル・ベニウェル（四七）の自宅を訪れた。

ベニウェルは、キビ農家を営む傍ら、アンダンプラ村など三つの村長を務めている。アポなしで訪れたのにもかかわらず「インドのトイレについて取材をしている」と話すと、庭にテーブルと椅子を用意し、紅茶を振る舞いながら対応してくれた。高級そうなサングラスと腕時計を身につけ、右手の薬指にはゴールドの指輪が光っている。村の男性たちとは違って、どこかこざっぱりとした印象だ。

ひととおり日本の話題やインドでの生活、アンダンプラ村の印象などを話した後、単刀直入に尋ねてみた。

「アンダンプラ村では多くの人が、いまだに野外で用を足しています。それなのに、アンダンプラ村が『野外排せつゼロ』というのは、実態と違うのではないですか」

外国人記者に余計なことを聞かれたと、顔をしかめられるのではないかと思ったが、それは杞憂《きゆう》だった。ベニウェルは顔色を変えるわけでもなく、当然のことといった表情で「まだ多くの人が野外で用を足しているのは事実です」と、あっさり認めてしまったのだ。

「いろいろな形でトイレを設置して使うように指導しているのですが、なかなか時間がかかりますね。トイレの数は少しずつですが増えています。もちろん、日本から見たらまだまだと思うかもしれませんが、トイレのなかった村からすると大きな進展なのですよ」

ベニウェルはそう笑いながら話し、悪びれているような様子はまったくない。

たとえ村人の中に野外で用を足している人がいたとしても、トイレを一定程度設置して、使える環境を整えたのなら「野外排せつゼロ」と宣言してもいい。それが、アンダンプラ村が「野外排せつゼロ」を宣言できた理屈だった。驚いたのは、その「理屈」はベニウェルが勝手に思いついたのではなく、政府の担当者から説明されていたという点だ。事実をねじ曲げた「誇張」は、政府のお墨付きだったのだ。そうなってくると、モディが高らかに宣言したインド全土での「野外排せつゼロ達成」は、ずいぶんと怪しくなってくる。

トイレ設置が進んでも野外排せつが減らない

そうした疑念を裏付けるデータがある。経済問題を扱うインドの非政府組織（NGO）「r.i.c.e.(Research Institute for Compassionate Economics)」が、四つの州を対象にして行ったトイレの設置や使用状況、野外排せつに関する調査だ。r.i.c.e.が調査を実施したのは東部ビハール州、中部マディヤプラデシュ州、北部ウッタルプラデシュ州、そしてアンダンプラ村のある西部ラジャスタン州。いずれも農村部が多いエリアで、この四州がインド全体の農村部人口の約四割を占めている。「スワッチ・バーラト」がスタートした二〇一四年と、ゴール間近い二〇一八年の二度にわたって調査を行っており、農村部でトイレ普及がどれだけ進んでいるか、その傾向を知ることができるというわけだ。

最も興味深いのは、二〇一八年の段階で四州の人口の四四％が、依然として野外排せつを行っていたというデータだ。二〇一四年は七〇%だったことを考えると、四年間で大きく減少したことは間違いない。だが、ビハール州以外の三州は、二〇一八年の時点で早々と「野外排せつゼロ」を宣言してしまっている。野外排せつをする人が減少しているのは事実だとしても、一気に「ゼロ宣言」まで行ってしまうのは、さすがに行き過ぎだろう。

二〇一四年に「野外排せつをしている」と回答したのは、ラジャスタン州の七六%を筆頭に、ビハール州（七五%）、マディヤプラデシュ州（六八%）、ウッタルプラデシュ州（六五%）で、いずれも六割以上を示していた。その割合は、二〇一八年にはマディヤプラデシュ州で二五%、ウッタルプラデシュ州では三九%にまで減少しているものの、ラジャスタン州は五三%、ビハール州が六〇%と、この二州では依然として高い水準を維持している。アンダンプラ村で多くの男性がいまだに外で用を足していることを考えれば、この数字は決して実態とかけ離れたものとは言えないだろう。

r.i.c.e.は報告書の中で、「スワッチ・バーラト」によって野外排せつをする人が減る効果が出ているとしながらも、「(スワッチ・バーラトの)ウエブサイトはトイレの普及を大げさに見せている。野外排せつを二〇一九年一〇月二日までに根絶できないのは、ほとんど明らかだ」と言い切っている。この調査で興味深いもう一つの点は、家庭へのトイレ設置が進んでも、野外排せつが減ることには直結していないことだ。

調査にあたったr.i.c.e.の研究員、ナザール・カリドによると「今も野外排せつを続けていると答えた人のうち、およそ半数は自宅にトイレがある」という。そういえば、確かにアンダンプラ村のサイニも、自宅にトイレがありながら使っていなかった。

「トイレの清掃や管理が面倒との理由で、野外で用を足す方が楽で便利と思ってしまうのです。そうした人々の考え方を変えない限り、野外排せつはなくなりません」

カリドの指摘は、インドの農村部を中心に、長年続いてきた外で用を足す習慣をなくすのが、いかに難しいかを表している。

だが、そうした実態をインド政府が知らなかった、というのも考えづらい。少なくとも、州政府（インドでは州ごとに選挙で州首相が選出され、議会運営を行う）レベルでは足元の状況について、詳しく把握していたと考えられる。r.i.c.e.の調査からもわかるように、その実態はあまりにもあからさまで、容易に知ることができるからだ。

依然として野外排せつはなくならない。ところが、「スワッチ・バーラト」の達成期限は刻一刻と迫ってくる。そうした中、難局を乗り切るための秘策を思いついた切れ者が、政府職員の中にいたのだろう。

「いつの間にか『スワッチ・バーラト』の達成は、トイレをどれくらい設置したかという『数』に重点が置かれるようになった。トイレを増やせば、人々が野外で用を足さなくてもいい環境が整う。そうすれば、誰もが自《おの》ずとトイレを使うはずだ。それは即ち、野外排せつの根絶を意味する。州政府や中央政府は、そのように解釈するようになったのです」

カリド研究員の説明は、アンダンプラ村の村長から聞いた話と重なった。

補助金の「もらえる詐欺」

無理な話を軌道修正せず、そのまま押し通そうとすると、必ずと言っていいほど何らかの障害にぶつかってしまう。「スワッチ・バーラト」のゴールが近づくにつれ、さまざまな問題が表面化したのも、そうした意味では当然の成り行きだったと言えるだろう。その一つがカネの問題だ。

モディが「スワッチ・バーラト」の構想を発表した際、インド政府は二〇一九年までに一兆九六〇〇億ルピー（三兆一三六〇億円）の予算を投じると明らかにした。財政を補塡《ほてん》するために二〇一五年一一月からは新たに「スワッチ・バーラト税」が導入され、一四％だったサービス税に〇・五％を上乗せする形での徴収が始まった。最初の月だけで三二億九六〇〇万ルピー（五二億七三六〇万円）の税収があり、その後も年間一〇〇〇億ルピー（一六〇〇億円）程度の税収を見込み、それらは地方政府に配分され、「スワッチ・バーラト」の推進に役立てるとされていた。

ここまでカネがかかる理由は、一億二〇〇〇万基のトイレを新たに設置する目標を打ち立てたからだ。インド政府は、トイレ設置には一世帯につき一万二〇〇〇ルピー（二万九二〇〇円）の補助金を出すことにしている。農村部では、三〇〇〇ルピーから五〇〇〇ルピー（四八〇〇円から八〇〇〇円）程度の月収で暮らしている貧困家庭が少なくない。そうした家庭にとって、いくら政府から「トイレを設置しろ」と言われても無い袖《そで》は振れず、大きな経済的負担となってしまう。そのため、インド政府は建設費の補助という大盤振舞いに打って出たのだった。

主に貧困家庭を対象にした補助のため、一億二〇〇〇万基の目標全てが対象となるわけではないが、トイレがない生活を送っている家庭は農村部の貧困層に多い。そのため、補助の対象外となるのは少数と考えられる。単純に、一万二〇〇〇ルピーの補助金を一億二〇〇〇万基に支払ったとすると、その合計額は一兆四四〇〇億ルピー（二兆三〇四〇億円）にのぼる。「スワッチ・バーラト」の予算の大部分を占める莫大《ばくだい》な額だ。

ところが、補助金をあてにしてトイレを建設しても、カネを受け取っていないというケースが起き始めた。補助金は、トイレを建設した本人が村や地区の取りまとめ役に書類を提出し、それを州政府に上げていき、担当者が建設を確認した上で取りまとめ役を通じて本人に支払われる。そのどこかで書類が止まってしまい、本人にはいつまでたってもカネが支払われないというのが、最も多いケースだという。

ラジャスタン州ヒンダウン市に近いマンチ地区で、トイレをつくったけれど補助金をもらっていないという農業の男性（五〇）に出会った。地区の有力者の指示に従い、自宅の敷地内にトイレを設置したのが二〇一八年五月のこと。後日、補助金を申請しようと有力者のもとに出向いたが、申請の書類を渡すことを拒否されたという。

「補助金を申請するのは三〇〇〇ルピー（四八〇〇円）が必要だと言われた。もうそんなカネはない。補助金をもらえるというから借金をしてトイレをつくったのに、これでは話がまったく違う」

男性は怒りの言葉をまくし立てた。その様子を見ていたほかの男性たちが、次々と「オレももらっていない」「だまされた」と話に割り込んでくる。どうやら、補助金の「もらえる詐欺」が横行しているようだ。

男性たちに、やり玉に挙がっている有力者の住んでいる場所を教えてもらい、向かってみた。男性は地区の取りまとめ役から、トイレ建設の補助金申請に関する仕事を任されていた。普段は農業に従事しているが、取りまとめ役の仕事も手伝っているという。取りまとめ役が「親分」なら、そこに仕える「子分」といったところだ。

自宅を訪れ、トイレのことを取材している日本人記者だと名乗ると、男性はあからさまに迷惑そうな表情を浮かべた。

「何を聞きたいんだ？」

「トイレを設置する人に支払われる補助金のことについてです。トイレをつくったのに一万二〇〇〇ルピーを受け取っていなかったり、申請をさせてもらえなかったりといった話を聞いたので、それが本当なのか聞きたいのです」

そう説明すると、男性は慌てた表情を浮かべ、携帯電話でどこかに連絡を取り始めた。受け答えの内容から、取りまとめ役から指示を仰いでいるようだ。

電話を終えると、あらためてこちらの質問を聞いた上で、指示されたであろう答えを返してきた。

「補助金をもらう条件が整っていなかったので、受け付けなかったのですよ。申請した補助金は銀行口座に振り込む。手続きに時間がかかっているだけです」

弁解のような口調で説明するが、具体的な中身はない。さらに質問を続けた。

「では、補助金をもらう条件とは何ですか」

「それは……トイレをつくったことを証明したり……書類をちゃんと書いたり……、いろいろあります」

「書類をもらえなかったと言っている人もいます」

「……そんなことは知りませんよ」

「申請する際には、あなたにお金を払わなくてはならないのですか」

「知らない。誰がそんなことを言ってるんだ！」

「なぜ補助金をもらえないと訴える人たちがいるのでしょう」

「だから、書類の不備といった問題があるからだ。さっき話したでしょう」

男性は顔をしかめながら要領の得ない答えを繰り返していたが、結局、早々に追い払われてしまった。

インドの地元紙記者によると、トイレをつくっても理由をいろいろと並べられて補助金をもらえず、トラブルになっているケースが少なくないという。

「トイレを建設して、村や地区の担当者が証明する写真や書類を州に提出すれば、一万二〇〇〇ルピーの補助金が支払われる。（担当者が）勝手に書類などを提出し、補助金を受け取っても、つくった人に渡さないままにしているのだろう」

地元紙記者のそうした推測はもっともだが、州政府に何らかのチェック機能がなかったのだろうか、といった疑問も浮かぶ。実際にトイレが建設されたかどうかは、申請書に書かれている住所を尋ねれば事足りる。補助金が銀行口座に振り込まれるのなら、実際に支払われたかどうかの確認は容易なはずだ。

ペーパートイレ

だが、そうしたチェック機能はまったく働いていなかった。インドの有力紙「タイムズ・オブ・インディア」が「四五万の消えたトイレ」という記事を掲載したのは、二〇二〇年二月一〇日のことだ。中部マディヤプラデシュ州で、新たに建設したとして補助金が支払われた四五万基のトイレが、紙の上だけの申請で実際にはつくられておらず、五四億ルピー（八六億四〇〇〇万円）が不正に支払われたという。事実であるなら、たいへんな詐欺事件だ。

記事では、同州が「野外排せつゼロ」を宣言した二〇一八年一〇月までに、農村部で建設されたとされる四五万基のトイレが、実際には存在していない可能性が高まり、調査を行っていると記されている。

きっかけとなったのは、ラッカジャムという村に住む四人が「スワッチ・バーラト」の呼びかけに応《こた》えてトイレを建設しようとしたところ、すでに自分たちの名前で「トイレを建設した」と州政府に記録されているのに気付いたことだった。家にはトイレがないのにもかかわらず、州政府にはトイレの写真が添えられた記録が残されていた。それは、四人の自宅近くに建てられていたトイレの写真だった。補助金は支払われたことになっているが、もちろん四人は受け取っておらず、州政府に苦情を申し立てて発覚した。

事態を重く見た州政府は、二万一〇〇〇人のボランティア調査員を使って申請書の確認作業を行い、その結果、四五万基のトイレが「ペーパートイレ」だったことがわかったというのだ。同紙は「四五万基のトイレが忘却の彼方《かなた》に流された」と揶揄《やゆ》しているが、笑い事ではない。同州の担当者は「二〇一二年の調査では六二〇万の貧困世帯にトイレがなかったが、二〇一八年一〇月二日までに全世帯へトイレが設置されている。しかし、実際にトイレが存在して完成しているか、確認しなくてはならない事態になった」と述べている。

同州に記事の内容について確かめると、事実関係に間違いはなく、正確な数字を確定するために再確認を行っている最中だと回答があった。支払われた補助金の行方もはっきりしないという。モディが高らかにうたいあげた「野外排せつゼロ」宣言は、もはや虚《むな》しく響くだけだ。

これだけの規模で、長期間にわたってごまかしが行われていたのなら、何らかの組織的な関与があったと考えるのが普通だろう。トイレ建設の確認をしないまま、これだけの公金が支出され続けたのだから、村の担当者から州政府の職員まで、不正に目をつぶってきた人がいるに違いない。そこには、もちろん何らかの「見返り」があったはずだ。だが、記事の扱いは決して大きくなく、報道を受けて司法が調査に乗り出したということもない。日本であれば一大疑獄事件に発展しそうな気配も漂うが、そんな雰囲気にはまったくならない。背景にあるのは、汚職にすっかり慣れてしまったインド社会の現実だ。

汚職の問題に対して取り組んでいる国際的なNGO「トランスペアレンシー・インターナショナル」のインド支部が二〇一九年一一月にまとめた報告書によると、インドの二〇州で一九万人に行った調査で、過去一年間に賄賂《わいろ》を支払ったことのある人の割合は五一％に達していた。実に二人に一人が贈賄に関与したことになる。賄賂を支払った回数については、一～二回が回答者の約二七％を占め、それ以上の複数回払ったと答えた人も約二四％にのぼっていた。賄賂を支払った先は、不動産登記など土地に関する政府当局で約四分の一を占めている。

警察に賄賂を支払ったという回答も約二割あったが、現地に住んだ日本の駐在員として、この数字には実感がある。私も地方都市を車で走行中に検問で停車させられ、カバンに酒が入っているから違法だとして「罰金」を要求された。ニューデリーへ赴任して警察へ住所を登録する際には、役人が書類に難癖をつけながら現金を求めてくるなど、何度も賄賂を要求される場面に遭ってきた。いずれも法的根拠のない言いがかりなのだが、面倒なので結局はカネで解決をしてしまう人が多い。

汚職根絶を掲げるモディが推し進める「スワッチ・バーラト」の足元でも、腐敗ぶりが横行しているのだから、その根は相当深いと言えるだろう。

インド社会にも強い「忖度」がある

「スワッチ・バーラト」が浮かび上がらせたインド社会の暗部は、汚職だけではない。強大な権力者であるモディの命令を忠実に実行しようと、従おうとしない者には暴力をふるい、嫌がらせまでもしてしまう強制力もまん延している。村単位まで張り巡らされた「スワッチ・バーラト」の担当者たちは、成果を出すことが自分にとってのポイントとなると身をもって知っている。それだけに、大きな「忖度《そんたく》」の力が働くのだ。

この「忖度」について、r.i.c.e.が興味深い報告書を作成している。二〇一八年八月から一二月にかけて、住民たちがトイレを設置するために何らかの強要や圧力を受けていなかったかについて、聞き取り調査を行ったのだ。対象となったのは、野外排せつの実態調査と同じビハール、マディヤプラデシュ、ラジャスタン、ウッタルプラデシュの四州に住む一五六人。人口の多い都市部ではなく、農村部の人たちに面会して調査を行っている。

r.i.c.e.は強要や圧力がなかったかを確かめるために、三つのことを質問している。一つは「野外排せつを身体的に（強制的に）やめさせられた世帯があるか」、二つめは「（トイレを設置しなければ）食料配給など政府からの支援をなくすと脅された世帯はないか」、そして「罰金を支払うよう脅された世帯はないか」という内容だ。

その結果、一二％の人がこれら三つのうちの一つ以上を経験したと回答した。さらに、自分の住んでいる村や集落で、これらのことが起きていると耳にしたことがある人は五六%にのぼっている。いずれも小さなコミュニティーに住む人たちだ。周囲の目を気にして「自分がこういう目に遭った」とは言いづらいが、ほかの地域で聞いた話としてなら口も軽くなるのかもしれない。「トイレ建設」の圧力があちこちであったのであれば、調査に答えたことでさらに「報復措置」を受けると考える人もいるだろうから、こうした数字は実態よりかなり少なく出ていると考えた方がいいだろう。特に、ダリットと呼ばれる、ヒンズー教での身分制度「カースト」の最下層に属する人たちには、このような圧力が非常に強くかかっているといわれている。

実際に行われた強要や圧力の内容はさまざまだ。ある村では、村長ら有力者によって構成された自警団や子どもの「見回り隊」が結成され、野外で用を足そうとしている人を見つけると笛や太鼓を鳴らしながら取り囲み、花でつくった首飾りを身につけさせて、写真を撮っていた。もちろん、野外で用を足すことを祝うわけではなく、人前で恥をかかせるための行為だ。野外排せつをしようとしていた人の耳を引っ張り、謝罪させている様子を携帯電話で撮影し、会員制交流サイト（SNS）の「ワッツアップ」で拡散させていた地方政府の職員もいた。

　r.i.c.e.の調査以外でも、こうした事例はインドメディアによって伝えられている。マディヤプラデシュ州では、野外で用を足している人の写真を撮れば一〇〇ルピー（一六〇円）が与えられる仕組みがあった。ここでも、撮影された写真はSNSで公開されている。さらに南部のテランガナ州では、野外排せつをしている人を見つけるため、ドローンを飛ばした例もあるという。こうした行為は、国連から「人権侵害だ」と指摘されたほどだ。

　だが、より深刻なのは、トイレを建設しない人に対する生活面での「差別」が行われていたことだろう。r.i.c.e.の調査では、ラジャスタン州の公立学校で、トイレを設置していない家庭の子どもは学籍名簿から外すと、教師が発言していた。貧困世帯に対して行われる食料の配給が、トイレのない世帯には行われなかったという報告は複数の州で散見されている。ウッタルプラデシュ州では、トイレをつくったのに使っていない人に対して、村の有力者が五〇〇ルピーから五〇〇〇ルピー（八〇〇円から八〇〇〇円）の「罰金」を徴収していたという。そのような「罰金」に何の根拠もないのは、言うまでもない。

　もちろん、こうした強要や圧力は、中央政府や州政府から何らかの「指令」があって行われたわけではない。だが、二〇一九年一〇月という「スワッチ・バーラト」のゴールが設定されている以上、州の職員たちにとっては、期限までに成果を示さなくてはならないプレッシャーがのしかかる。トイレ設置の実績は村や集落から地区、市、そして州へと上がっていくが、見えない圧力はその逆方向で働いていった。結果として、トイレのない「現場」である村や集落に「忖度」の力が集中し、人々に対する強要や圧力が横行してしまったのだ。「スワッチ・バーラト」が成功したとするモディの発言は、こうしたモディの顔色をうかがう人たちの「忖度」によって成り立っているとも言える。

目玉政策だった「通貨廃止」の実態

就任直後に、目玉政策として「スワッチ・バーラト」を打ち出したモディだが、その後も、多くの人から注目を集める政策を次々と実行してきた。その代表的なものが、二〇一六年一一月九日に打ち出した高額紙幣の廃止だ。

この日は、米国の大統領にドナルド・トランプ氏が当選するという衝撃的なニュースが世界を駆け巡った日でもある。だが、インドでは様相がまったく異なっていた。モディはその前日、八日の午後八時から緊急の国民向けテレビ演説を行い、流通している現行の一〇〇〇ルピー札と五〇〇ルピー札を廃止すると突然、宣言したのだ。

「重大な発表があるかもしれない」とのことから、メモ帳とボールペンを手にテレビを見ていたが、モディの言う「ディマニタイゼーション（Demonetization）」という単語の意味が、わからない。最初は、通貨単位の切り下げ（または切り上げ）を意味する「デノミネーション（Denomination）」なのかと思ったが、どうも二種類の紙幣が「法定通貨でなくなる」と言っており、様子が違う。慌てて辞書を調べると、ディマニタイゼーションは「通貨廃止」と書いてある。その意味を知って、ますます慌ててしまった。

廃止の実施は、演説からわずか四時間後の九日午前〇時から。日本で首相が緊急の記者会見を開き、突如として「明日から五〇〇〇円札と一万円札は紙切れになります」と発表したら、果たしてどうなるだろうか。人々に大きな衝撃を与えるとともに、激しい反発が起こることは想像に難くない。もちろん、日本でなくとも、そうした反応は同じだろう。世界でも異例な「通貨廃止」の発表を聞いた人たちは、我先にと街中の現金自動預払機（ATM）に押し寄せ、数時間後には使えなくなる紙幣を預け入れようと必死だった。その姿を見ながら、翌朝になれば銀行などへの焼き討ちが起こるのではないか、混乱が当分続くのではないかと不安にかられたものだ。

だが、予想に反して焼き討ちや暴動といった混乱は起きなかった。モディの発表では、二種類の紙幣を廃止するのに伴い、新たに五〇〇ルピーと二〇〇〇ルピーの新札を発行し、旧紙幣は一二月末までに銀行へ預け入れることで新札への交換が可能と説明されていたからだ。銀行前には長蛇の列ができ、丸一日並んでも新札に交換できない人が続出した。それでも、多くの人たちは我慢強く待ち続け、仲間同士でやりくりをしながら日々を過ごしていた。私も手持ちの現金の大半が「紙切れ」となってしまい、財布に残っていた一〇ルピー札で買ったチャイ（インド式の甘く煮出したミルクティー）を飲みながら「カネなんて、本来は紙切れなんだよな」と、妙に達観してしまったものだ。

もちろん、インドの人々がみな達観していたから、暴動が起きなかったわけではない。モディに対しては「改革派」としてのイメージが強く、それだけに高額紙幣廃止も「痛みを伴う改革」としてとらえる人たちが多かったのだ。銀行に並ぶ人たちに話を聞くと「日用品が買えなくて困る」「食べ物を買う現金がない」といった不満を口にしながらも、「不正をなくすために仕方ない」「ずるい金持ちが困るのはいいことだ」などと話し、高額紙幣廃止を打ち出したモディへの批判は決して多くはなかった。ここに、モディの政治家としての巧みさが浮かび上がる。

廃止の対象となった旧五〇〇ルピー札と一〇〇〇ルピー札は、インドで流通する通貨の八六％を占めていた。意表を突いた形でこれらを廃止したのは、不正マネーを貴金属などに交換する猶予を持たせないことが狙いだ。現金決済が主流のインドでは、税務当局が把握できない「地下経済」が国内総生産（GDP）の二～四割を占めるとされ、汚職や脱税の温床となり、偽札も横行していたとされる。新紙幣へ交換するためには銀行に旧紙幣を預けざるを得ない仕組みをつくることで、不正マネーのあぶり出しをアピールした。

「賄賂や脱税で自宅にため込んでいた不正な現金や、偽札をあぶり出す」

そう主張するモディの姿は、貧困にあえいでいる庶民たちの目に「不正を許さない改革者」と映ったのだろう。最大野党の国民会議派などが高額紙幣廃止に対する抗議デモやストライキを展開したが、モディの支持が大きく揺らぐことはなかった。

一方、高額紙幣の廃止は、モディが自身の反対勢力を潰《つぶ》すための一大戦略だったとの見方もある。二〇一七年三月に行われた北部ウッタルプラデシュ州の議会選挙では、モディの率いるインド人民党（BJP）が八割近い議席を獲得して圧勝した。BJPは同州で選挙前は約一割の議席しか持っていなかったが、モディの「改革」を多くの人が支持したことが大躍進につながった。インドの選挙では、農村部を中心に現在でもカネやモノによる買収がはびこっているが、高額紙幣を廃止することで野党側の「政治資金」を壊滅させたとの見方も根強い。ＢＪＰはもちろん高額紙幣の廃止を事前に知っており、十分に準備をすることができたので、選挙戦で有利に動くことができたと考えられるのだ。

インドの人たちから支持を集めたかのように思えた高額紙幣の廃止だが、理解できるかと問われると首をかしげざるを得ない。これだけ庶民の生活に大きな影響を与えてしまう政策を、発表からわずか四時間後（モディは「不正蓄財をしている者に換金する時間を与えないためだった」と説明している）に実施してしまうのは、豪腕と言うべきか、或いは強引と言うべきか。その判断は人によって差があるだろうが、客観的かつシンプルな疑問として拭《ぬぐ》えないのが、そもそも「高額紙幣廃止」と言いながら、なぜそれまで流通していた最高額紙幣の一〇〇〇ルピーよりも高い二〇〇〇ルピー札を発行するのか、ということだ。不正蓄財に打撃を与えるのが目的なら、汚職といった悪しき慣行が残っている中で、現行よりもさらに高額の紙幣を発行することには大きなリスクが伴うはずだ。

この点、モディから明確な説明はついぞ、なされていない。

モディの政治は「小泉流」だ

では、「大改革」を断行した結果は、果たしてどうだったのだろうか。

インド政府は当初、廃止された二種類の紙幣は、全流通量のうち二割が汚職による蓄財や偽札といった不正なもので、約三兆ルピーが回収されて国庫に入ると見込んでいた。旧紙幣を新紙幣に交換するには、銀行を通さなくてはならない。多額の現金を換えようとすれば、所持にいたった経緯が調査され、裏金であることが露見するという仕組みだ。インド政府は「賄賂など表面化しない『地下経済』は、GDPの二～四割に相当する」と説明していただけに、これらを一網打尽にして税収アップを期待していた。

しかし、それは皮算用に過ぎなかった。二〇一八年八月にインド準備銀行は、廃止された紙幣の九九・三％が合法なものとして回収されたと発表したのだ。国庫に入ったのは一〇〇〇億ルピー程度で、当初の目論見《もくろみ》の一割にも達していなかった計算になる。インド準備銀行は同国の中央銀行であり、いわば「日本銀行のインド版」だ。インドの通貨全体をコントロールする中央塔が「高額紙幣廃止の効果は、想定の数％くらいでした」と認めたことに、私は少なからず衝撃を受けた。現金決済を主とした「地下経済」は、高額紙幣廃止というパンチをくらっても、どっこい生き抜いていたのだ。

だが、私がさらに驚いたのは、そうした結果が示されても、モディへの批判の声が高まらなかったことだ。高額紙幣廃止は、現金での決済が多かった中小企業や農村部の人たちに大きな影響を与えた。実施から二週間後、ニューデリーの酒販店を訪れると、積まれた在庫を前に、店員が「みんなカネがなくなって買いに来られない」とため息をついていたのを思い出す。地方では農家が種を買えないといった事態も起き、ＧＤＰを引き下げる要因にもなった。それでも、モディは七割程度の支持を維持していた。

当時、在インドの邦銀シニアアナリストに、高額紙幣廃止の影響を質問したことがある。そのアナリストは、迷うことなく「改革のコストはかかったが、中長期的にはインド経済の信用性を高めることになるだろう」と言い切った。そうした「改革派モディ」に対する信頼は、専門家はもちろん一般の人にも多く共有されていたように思う。日本の首相である安倍晋三《あべしんぞう》はモディとの密接な関係を強調し、「世界で最も可能性を秘めた日印関係」などと、インドとの関係の良好さを、ことさらに強調している。インド側でも、安倍が日本を訪問したモディを自らの別荘に招待したことなど、親しい関係であることがたびたび報じられている。

だが、改革派の旗印を前面に、自らの勢力を拡大するために戦略的な手を打つという意味では、モディは安倍よりも元首相の小泉純一郎《こいずみじゅんいちろう》にタイプが近い。

「自民党をぶっ壊す」という刺激的なスローガンで、「改革派」として有権者の耳目を集める。さらに、「郵政改革」という錦の御旗《みはた》を掲げて総選挙に打って出て、反対する人たちを「抵抗勢力」と位置づけ、粉砕するために「刺客」を送り込む。巷《ちまた》には「小泉ブーム」が起き、それにあやかって当選した新人議員たちは「小泉チルドレン」と呼ばれた。「聖域なき構造改革」を標榜《ひょうぼう》し、規制緩和を進めたのも「改革派」としての印象を強めた。

小泉と同年代で、最大のライバルでもあった元自民党幹事長の小沢一郎《おざわいちろう》氏は、小泉氏についてこう記している。

「政局勘がいい。それと、大衆の心をつかむのが上手だった。悪く言えばアジテーター。政治というのは、どうしてもポピュリズム的な要素を含むから悪いことじゃない」

（小沢一郎「『政権交代』をもう一度実現するために」『文藝春秋』二〇一九年一月号）

その評価は、まさにモディにもそっくり当てはまる。「スワッチ・バーラト」では、インドの衛生環境を変える先頭に立つ姿を強調し、さらに「高額紙幣廃止」を断行して、人々の生活には痛みが伴ったものの、「改革」を実行するリーダーとしての存在感を誇示した。それが二〇一九年五月の下院選（総選挙）で、経済的な低迷という状況を押しのけて、与党ＢＪＰ圧勝につながったことは言うまでもない。高らかに勝利宣言するモディの姿に、二〇〇五年の総選挙で「郵政民営化」を公約に掲げて圧勝した小泉氏の姿を重ね合わせたのは、私だけだったのだろうか。

抗議の辞職

話を「スワッチ・バーラト」に戻そう。

小泉氏が高い支持率を誇り、強い支持基盤を持っていた一方で、その政治手法は強い批判にもさらされ、評価がはっきりと二分していたのと同様に、モディのとる政策に対しても賞賛派と批判派に分かれている。「スワッチ・バーラト」のような、それだけを見ると反対を主張しづらいような政策にも、モディの政治手法とからめて疑問を呈する人たちは少なくない。ニューデリーに住むサバ・ハミドもその一人だ。ハミドは、アメリカのマイクロソフト創業者のビル・ゲイツ氏が妻と創設した慈善団体「ビル・アンド・メリンダ・ゲイツ財団」のインド事務所に勤めていた。だが、ゲイツ財団が「スワッチ・バーラト」をたたえて、モディを表彰したことに抗議し、その職を辞していた。

ハミドのことを知ったのは、イギリスのガーディアン紙の記事だった。二〇一九年九月三〇日付の同紙（電子版）に掲載された「クリーン・インディアの枠組みが成功したと賞賛することで、批判を抑えこむナレンドラ・モディ」という題名の記事には、「スワッチ・バーラト」の実績として示されている数字に相当の「さば読み」があると指摘し、モディがゲイツ財団から表彰されたことに触れた上で、ハミドについてこう記している。

「（モディへの表彰は）ゲイツ財団のインド事務所に勤務する一人の職員、サバ・ハミドに、抗議の辞職をさせることとなった。自らの決断について尋ねたところ、彼女は表彰について知ったとき『信じ難い』と思ったという。彼女は『それは財団が取り組み、主張してきたと信じていたこととは、まったく逆のことでした』と話した」

「スワッチ・バーラト」の成果に疑問を呈するだけならともかく、抗議で辞職するとは相当の覚悟だ。ハミドに話を聞きたく、フェイスブックで名前を検索し、自己紹介に加えて取材をしたいとの趣旨をメッセージで送ったところ、すぐに快諾の返事が来た。ハミドとニューデリーのカフェで会ったのは二〇二〇年一月末のことだ。

午前一一時の待ち合わせ時間かっきりに姿を見せたハミドは、長い髪と目鼻立ちのはっきりした顔立ちが印象的な女性だった。二〇〇三年にニューデリーの大学院を卒業した後、人材コンサルタントの会社で経験を積み、二〇〇七年から二〇一三年までマイクロソフトのインド事務所に勤務している。ゲイツ財団に入ったのは二〇一六年四月からだ。欧米諸国を相手にビジネスを展開してきただけあり、話す英語には独特のインド訛《なま》りがほとんどない。雑談の後、私が「インドの公衆衛生問題について関心があり、取材を続けている」と話をし、スワッチ・バーラトの成果に対しては疑問を持っていると伝えた上で、なぜゲイツ財団を辞めたのかと尋ねると、それまでの笑顔からクールで真剣な表情に変わった。

「スワッチ・バーラトは、それ自体はいい考えだと思います。だけれども、それを『成功した』と強調するのは、あまりに事実と離れています。独立した機関の調査結果でも、インドは地方を中心に野外排せつを続けています。それに、トイレや下水管の清掃にあたる人たちの環境改善がなされておらず、今でも事故が多発しています。トイレをいくつつくったかという、ごまかせる数字が大切なのではなく、いかに生活にトイレを根付かせているかが重要なはずなのです。実態を無視して表彰するのは、平等ではありません」

ハミドは「平等」という言葉を何度も使った。農村や清掃労働者たちの置かれた状況を考えずに、政治的スローガンを表彰してしまうことに、受け入れがたい気持ちを感じているようだった。

「平等という価値は、日々の生活の中で最も基本的で重要なものです。ゲイツ財団で働いてきたのは、その価値を大切にし、広めていくことに役立てると思ったから。平等という価値のために働いてきたのだけど、そのために組織を離れる決断をしたとも言えますね」

「でも、辞職するというのは、生活の上でも大変ではないですか」

「モディの表彰を検討しているという話を聞いて、再考すべきだとの意見を出しましたが、聞き入れられることはありませんでした。インドで外国のNGOが活動する上で、政府に批判的なスタンスを取るのは難しいのでしょう。でも、（ゲイツ財団が）モディの政治宣伝に利用されることは嫌でしたから、辞めることに迷いはありませんでした。同僚の中には理解を示してくれる人も、快く思わない人もいましたが、あまり深い議論にはなりませんでしたね」

ゲイツ財団の表彰式は二〇一九年九月二五日、ニューヨークで開催され、壇上でモディはビル・ゲイツと笑顔で握手をした。表彰式はニューデリーで開かれていた国連総会の関連行事として開かれており、モディは国際社会に自らの実績をアピールできたわけだ。表彰式でのスピーチで、モディは「五年間で一億一〇〇〇万基以上のトイレが建設された。このミッションは、貧困層と女性に最も利益をもたらしている」と持論を述べ、インドが「マハトマ・ガンジーの夢であるスワッチ・バーラトを実現する上で、驚くべき進歩を遂げた」と成果を強調している。

「すべての人の生活には価値が平等にあり、すべての人々は健康に生活をする権利を持っています。その理念を実現させるためにゲイツ財団はあるはずでした」

注文したコーヒーを口にする仕草はクールだが、その口調には力がこもる。最も重要な「平等な価値」をモディは傷つけた。そこに対する怒りが言葉に込められていた。同時に、なぜハミドが「平等な価値」に強くこだわるのかが気になり、尋ねてみた。

カシミールに生まれて

「それは、私がカシミール地方の生まれだからでしょうね」

ハミドが、やや思い詰めたような表情でそう答えたのには理由がある。カシミール地方とは、インド北部にあるジャム・カシミール州のことを指す。インドは人口の約八割をヒンズー教徒が占めるが、ジャム・カシミール州はインドで唯一、イスラム教徒が多数派の州だ。インドは宿敵パキスタンと長きにわたって領有権を争っており、州内にはパキスタンとの国境未確定地域を抱えている。インド政府は、州内にパキスタンの支援するイスラム過激派が潜入しているとし、軍隊を常駐させて厳重な警備体制を敷いてきた。パキスタンへの併合を望むイスラム系の住民は、インド政府への反発を強めて衝突を繰り返すなど、治安上不安定なエリアの一つとなっていた。

二〇一九年八月、二期目をスタートさせたばかりのモディ政権は、ジャム・カシミール州の自治権をはく奪し、連邦政府直轄地とする議案を通過させた。これによって一〇月にはジャム・カシミール州は「消滅」している。モディは「ジャム・カシミール州を豊かにするための政策だ」と説明したが、イスラム教徒の反発は強かった。それは自治権のはく奪が、「ヒンズー教至上主義」の色彩を強めるモディの進める、反イスラム的な政策の一端ととらえられたからでもある。モディの率いる与党BJPは「民族義勇団（RSS）」を支持母体に持つ。RSSはヒンズー教の伝統に基づいた国家建設を求める「ヒンズー教至上主義」を掲げており、モディは八歳から加入している筋金入りのRSS活動家でもある。

モディ政権下では、二〇一九年八月に北東部アッサム州で「国民名簿登録」が実施された。不法移民対策として、長年の居住を証明できる人を国民と認める制度で、登録を求めた約三三〇〇万人のうち約一九〇万人を除外したが、イスラム教徒が多く「差別だ」との批判が起きた。ハミドと会った二〇二〇年一月は、パキスタン、バングラデシュ、アフガニスタンから二〇一四年末までに来た移民のうち、宗教的迫害が理由の移民にはインド国籍を与えるとした「改正国籍法」をめぐり、大規模な反対運動が起きていた。「宗教的迫害」の対象となるのは多数派のヒンズー教のほか、キリスト教や仏教など六宗教の信徒で、イスラム教徒は含まれておらず、差別的な内容とする反発がここでも広がっていた。

ハミドは、その名前からイスラム教徒である可能性が高いが、具体的には「個人的なこと」として自身の宗教を明かさなかった。そこには「差別が許されないのは、どの宗教に属していようと関係ない」という思いがのぞく。実態と乖離《かいり》した実績を強調し、スワッチ・バーラトの成功を説くことと、イスラム教徒への差別的な政策をとること。それらは、いずれも「受け入れることのできない不正義」でしかないのだ。

一時間ほど話をして、取材を終える際、ハミドに「これから何の仕事をするのですか」

と尋ねてみた。

「そうですね。いまは求職中というところですが、独立してなにか仕事ができたらと思っています。その方が性格に合っているかもしれませんし。これから、友だちと会って新しいビジネスについて相談する予定なんですよ」

そう言って笑顔を見せると、彼女はコーヒーをご馳走《ちそう》になったことの礼を述べて席を立ち、カフェの扉を開けてやや早足で歩いて行った。

第二章　トイレなき日常生活

――農村部と経済格差

野焼きの煙

車の窓に頭をもたせながら、いつの間にか眠りに落ちてしまっていたようだ。運転手が追い越しざまにけたたましく鳴らすクラクションの音で目が覚め、寝ぼけたまま外の景色を見ると、太陽が雲の向こうに霞《かす》んでいた。朝七時を過ぎているのに、いっこうに明るさを感じない。周囲に広がる畑では、あちこちで野焼きの煙が上がっていた。「これがニューデリーの空気を汚す原因なんですよね」。同行していたインド人スタッフが、ぼんやりと煙を見つめながらつぶやいた。なるほど、日の光を覆っているのは雲ではなく、野焼きの煙だったのか。

ニューデリーの北にあるパンジャブ州。インドでも有数の農業州だが、秋になると野焼きの煙を大量に発生させ、ニューデリーの空を鉛色にしてしまう。ニューデリーは盆地に位置しており、周辺からの工場排煙なども加わって、インドメディアに「まるでガス室だ」と言わしめる深刻な大気汚染を引き起こしていた。だが、この時は大気汚染の原因を探りにパンジャブ州の道を延々と走っているのではなく、トイレの「現場」を訪れるのが目的だった。大気汚染も喫緊の課題だが、都会から遠く離れた農村部では、トイレが時には命にも関わる大問題となっていたからだ。

ニューデリーや西部の商都ムンバイといった大都会では、ショッピングモールや高級ホテルがあちこちに建ち、急速な経済成長が世界から注目されているインドのイメージを具現化していた。だが、インドの人口比で約七割を占める農村部に行けば、その状況は一変する。トイレの設置は進んでおらず、あちこちで野外排せつが日常的に行われ、それによって伝染病や女性のレイプ被害といった問題も起きていた。また、地方でトイレ設置が進んでいないのは、都市部と農村の経済格差といった現実も映し出している。

トイレと農村の関係を深掘りすると、インドが抱えているさまざまな問題が浮かんでくるのではないか。そう考えて、パンジャブ州へと向かった。

トイレに行くのも命がけ

ニューデリーから車で約六時間。パンジャブ州の中部にあるバウンドリ村を訪れたのは、二〇一七年一一月下旬のことだった。一帯には収穫を終えた小麦畑が広がり、乾いた土の上を水牛がのっしのっしと歩いている。そんな風景に溶け込むように、子どもたちが裸足《はだし》であたりを走り回っていた。

バウンドリ村は、小麦農家を中心とした人口一〇〇〇人ほどの小さな集落で、グーグルマップで探しても出てこない。「ニューデリーから離れた農村に行って、トイレがどうなっているかを見てみたい」と、私の勤める会社のインド人スタッフに相談したところ、あちこちつてをたどって、ようやくたどり着いたのがバウンドリ村だった。

ところで、海外で取材するときに、こうした「つて」は日本以上にとても重要だ。とりわけ、インドのような途上国では欠かせない「取材ツール」でもある。連絡先の電話番号やメールアドレスを調べてコンタクトし、取材の趣旨を伝えて承諾をもらい、会う日時を調整するといった、日本であれば普通の手順も、インドでは徒労に帰してしまうことが少なくない。その過程のどこかで話がストップし、先に進まないか、約束を取り付けても守ってくれるかどうかはわからないからだ。

ニューデリーのような都会で、対外的な仕事に就いている人ならまだしも、外国人と接したことのないような田舎の人であれば、なおのことそうした傾向は強い。取材を申し込んで遠路はるばる約束の場所に出向いても、肝心の相手がいっこうに現れない、といったことは何度も経験させられている。

バウンドリ村で出迎えてくれたハルディープ・カウル（三〇）は、小麦農家の夫と三人の子どもと暮らしている。これまで外国人と話したことは「一度もない」と言い、私が日本から来たことを伝えて「日本がどこにあるか知っていますか？」と尋ねると、恥ずかしそうに笑みを浮かべながら「わからない」と答えた。カウルに会ったのは、村の女性たちが使っていた「トイレ」に案内してもらうためだった。

小麦畑を見渡せる小高い場所に立ち、カウルは畑の一角にある、数本の木が立った茂みを指さした。

「あそこで私は用を足していました。草も生えているし、周りから見えなくなっているので、トイレとして使っていたのです。家にはトイレがありませんでしたからね」

茂みまでは、立っている場所から五〇〇メートル以上離れている。村の集落にあるカウルの家からは一キロほどの距離だ。もし、自分がトイレに行きたくなったとき、一キロ先まで歩けと言われたら、かなりの絶望感を味わうに違いない。

「日が昇る前、娘や近所の女性たちと一緒に、あの場所まで行くのです。まだ暗いし、一人だと心細かったり危険なこともあったりするので、グループで移動する方が安心します。夫や息子と一緒に行くわけにはいきません。男性ですし、嫌がるでしょうから」

「日が昇る前にしか行かないのですか？　ほかの時間にトイレへ行きたくなったら、いったいどうするのですか？」

「一日一度です。日中なら、農作業をしている人たちに見られてしまうかもしれないですし……。ずっとそうしていたから……。もちろん、ただただ我慢する時もありました。でも、多くはありません。きっと体が慣れてしまったのでしょうね……」

果たして、尿意や便意を一日一度に集約することなど可能なのだろうか。たとえ「慣れた」としても、それはどこか体に異変を引き起こすことになりはしないか。体調だって、いつも万全なわけではない。お腹をこわしたときにはどうしたらいいのか――。わき出てくる疑問を抑えられず、さらに詳しい様子を聞こうとすると、カウルの口調はだんだんと重くなる。トイレの話を、しかも生まれて初めて会った外国人の前で口にするのだから、やはりどこか抵抗があったのだろう。それでも、カウルが私に話をしてくれたのは、真っ暗闇の茂みで用を足していたのが、すでに過去の話となっていたからだ。

カウルが家族と暮らす、レンガを積み重ねた小さな家の脇にトイレが設置されたのは、二〇一六年一月のことだった。インド政府からの補助金とＮＧＯの援助により、地下に二つのタンクを埋め込んだトイレが自宅にできたことで、カウルは「人生が大きく変わっ

カウルと家の脇に設置されたトイレ

た」と言う。

バウンドリ村には、一〇年ほど前に電気が供給されるようになったが、粗末な電柱に一、二本の電線が頼りなく架けられているといった状態で、十分に行き渡っているとは言えなかった。集落でも夜になれば各世帯で一つ、小さな電球を灯《とも》すだけで、もちろん街灯はない。集落から少し離れると、日が暮れると暗闇が広がる。新月の夜であれば、まさに暗黒の世界だろう。その中を女性たちが小さなライトを片手に「トイレ」を目指すのは、たとえそこが地元であっても、心理的には相当の負担だったはずだ。

「娘はまだ小さいので、夜道で転んでしまったり、心細くなったりしてよく泣いていました。でも、恐ろしいのは暗闇だけではありません。

夜になると動き出す動物たちが、いつ襲ってくるかもわからないのです」

女性たちがトイレとして使う茂みや草むらには、多くの野生動物が潜んでいる。カウルは「近くの村で、夜間に外で用を足そうとして、ヘビやサソリに襲われた人がいると聞いた事がある」と話したが、そうした危険と隣り合わせの中を行き来しなくてはいけなかった恐怖心は、いかほどのものだったのだろうか。

インドにはコブラなど猛毒を持つヘビが生息しており、有力紙「タイムズ・オブ・インディア」によると、インドでは毎年約二八〇万人がヘビに襲われ、約四万六〇〇〇人が命を落としているという（二〇一九年一一月一五日付電子版）。このうち、野外で用を足している時に襲われて命を落とした人がどれくらいいるのかは記されていないが、相当数が含まれると考えられるだろう。とりわけ、夜間であればその危険性は増す。まさに、トイレに行くのも命がけなのだ。

「安全のため」にトイレがほしい

だが、襲ってくるのはヘビやサソリなどの動物だけではない。夜間にトイレへ向かう女性たちを狙ったレイプ犯罪も数多く発生しているのだ。

二〇一四年五月二七日、ニューデリーから南東に約三〇〇キロ離れたウッタルプラデシュ州バダウン地区のカトラ村で、夕食後に用を足そうと近くの畑に向かった一四歳と一二歳の少女二人が男五人に集団レイプされ、殺害される事件が起きた。二人はいとこ同士で、外に出たまま戻ってこないことから、両親や村人たちが夜通し捜し回ったところ、翌朝になってマンゴーの木に吊《つ》り下げられて息絶えている二人が見つかったのだった。いずれもレイプされたあとに殺害されており、事件はインドだけではなく海外にも報じられ、大きな衝撃を与えることになった。

また、イギリスのBBC放送も、二〇一三年五月九日に「トイレがないことによって起きるインド・ビハール州でのレイプ」という興味深いレポートを記している。ビハール州はインド北東部に位置し、インド国内でも最も貧しい州の一つとされている。レポートでは、二〇一二年にビハール州で八七〇件のレイプ事件が発生しており、州警察幹部はインタビューで「女性が用を足すため、深夜や早朝に家を出たときに犯行が行われている傾向がある。家にトイレがあれば、このうち約四〇〇人の女性はレイプを免れた」と話している。

公衆衛生に関する国際機関の調査で、ビハール州では主婦の八五％がトイレにアクセスできておらず、「インドで最も衛生状態が貧しい状態」になっていることも報告されているが、調査したトイレのない家庭のうち「健康のためにトイレがほしい」と回答したのは一％にすぎず、「安全のため」と答えた割合が四九％と最も多かった。女性や子どもたちは、どこから降りかかってくるかもわからない危険と隣り合わせの中、野外で用を足す日々を送っていたのだ。別の報道では、水の供給や衛生問題に取り組んでいる国際的なNGO「ウォーターエイド」が「インド人女性の三分の一が、日没後に野外で用を足すことを強いられている。女性が一番無防備で、危険にさらされやすい時に、毎日こうした危険を冒しているのは衝撃だ」と、現状を強く批判していることも伝えている。

日本では、インドと言えば「カレー」や「ターバン」といったイメージを思い浮かべる人が多いが、女性を中心に「レイプが多い」という点を挙げる人も少なくない。二〇一二年一二月には、ニューデリーで路線バスを装った車に乗った二三歳の女子学生が、運転手ら六人にレイプされたうえ、鉄パイプなどで激しく暴行された後に路上に投げ出され、二週間後に死亡する事件が発生。これに激昂《げきこう》した市民らが、性犯罪に対する厳正な対処と女性の権利向上などを求め、インド各地で大規模な抗議行動を引き起こす事態に発展している。この事件や抗議行動は日本を含めた世界に報道され、ドキュメンタリー映画も作成さ

インドのレイプ件数

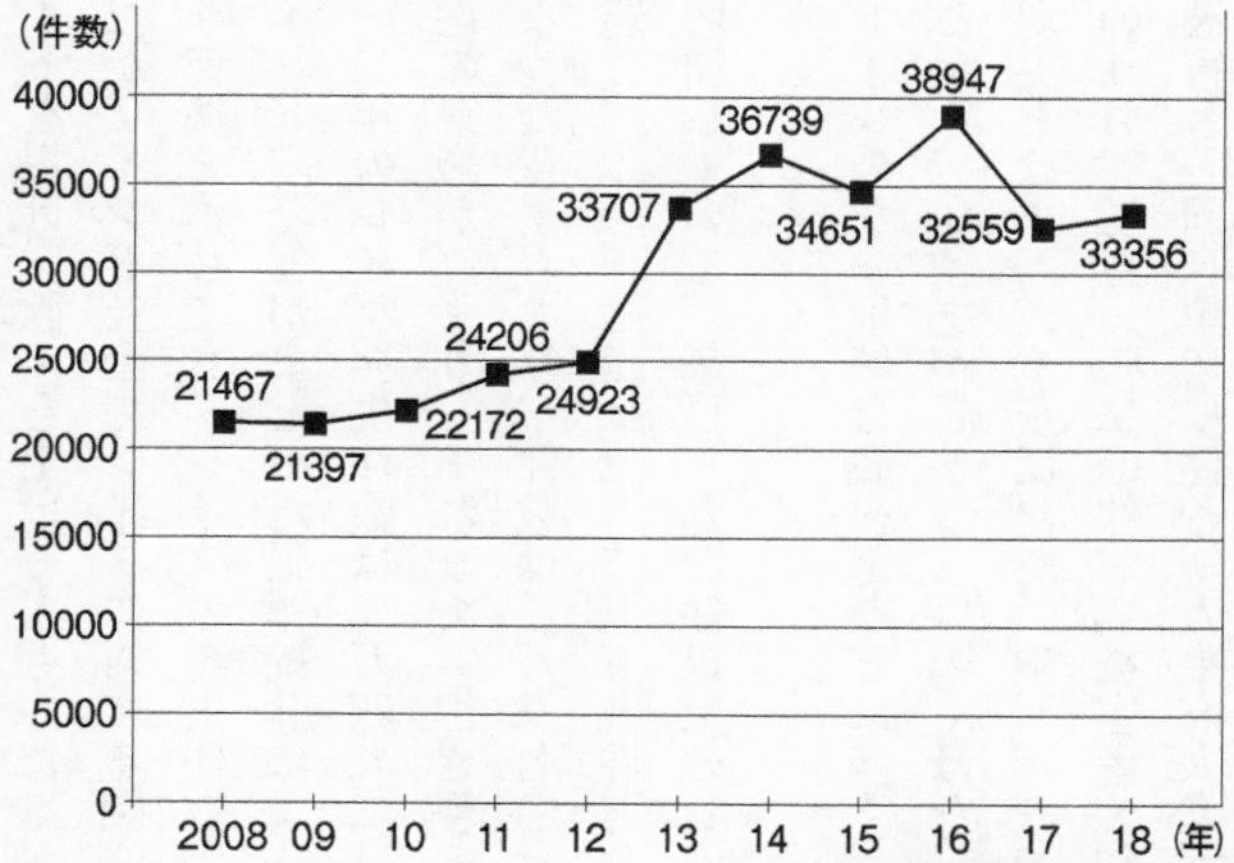

インド内務省の統計による

れたことから、インドにおけるレイプ犯罪の深刻さが広く印象づけられることとなった。

実際に、インドの各新聞に目を通すと、社会面にあたるページには連日と言っていいほどレイプ犯罪に関するニュースが掲載されている。二〇二〇年三月二〇日には、先に記した二〇一二年のレイプ事件の実行犯四人に対する死刑が執行された（インドでは約五年ぶりとなる死刑執行だった）が、インドメディアは連日、執行までの実行犯らの様子などを詳しく報じた。執行当日には、収監されていた刑務所前にメディアや市民ら数百人が詰めかけ、市民の中には執行予定時間に「正義に感謝する」とのプラカードを掲げ、歓声を上げる人もいたほどだった。

だが、インド社会でレイプに対する関心が高まり、実行犯に死刑といった厳罰で臨むという姿勢を示しても、レイプの発生件数が減少するには至っていない。

インド内務省がまとめた犯罪統計によると、ニューデリーでのレイプ事件が発生した二〇一二年のレイプ発生件数は二万四九二三件。二〇一三年は、抗議行動などをきっかけに女性の意識が高まり、それまで「泣き寝入り」していた被害者が警察に届け出をするようになった背景もあり、件数は三万三七〇七件にのぼった。二〇一六年には三万八九四七件に達し、二〇一七年は三万二五五九件とやや減少したが、二〇一八年には三万三三五六件と増加している。毎日、九〇件以上のレイプ犯罪が起きている計算だ。

トイレのない地域は農村部などに多く、そのような地域はほとんどが親戚《しんせき》や顔見知りであるから、レイプが起きづらいのではないかと思う人もいるかもしれない。しかし、それは現実とはまったく正反対だ。犯罪統計では、二〇一八年に起きた三万三三五六件のレイプのうち、三万一三二〇件が「被害者の知人による犯行」と分類されている。実に九四%が被害者と同じ集落に住む知人や友人、別れた夫といった顔見知りによって引き起こされていたのだ。二七八〇件は家族によって被害を受けており、その深刻さを感じずにはいられない。

レイプ犯四人の死刑執行を間近に控えた二〇二〇年三月、ニューデリーに本部のある人権団体「アクションエイド・インディア」を訪れ、サンディープ・チャチュラ代表にインタビューをした。「死刑執行でインドのレイプ犯罪は減るか」との質問に、チャチュラ代表は「大きく変わることはないだろう」と答えた。

「インドには家父長的な考え方が今も根強く残っており、女性を無力な商品のように扱い、虐待することはなくなっていません。都市部でもそうした問題が今も起きているので、農村部に行けばなおさらのことでしょう。二〇一二年のレイプ犯罪のあとも、大きく状況は変わっていないのです」

そう語るチャチュラ代表の思い詰めたような表情に、レイプというインドが抱える問題の深刻さが浮かび上がっているようだった。

「トイレをつくる余裕がない」

バウンドリ村では、カウルの自宅にトイレが設置され、暗がりの中を野外の「トイレ」

に向かうことはなくなった。だが、それはバウンドリ村すべての話ではない。集落の外れに住むジャスパル・シン（四〇）の家には、トイレがないままだ。シンは母と妻、そして三人の子どもとの六人家族。シンと男の子二人は自宅近くの茂みで用を足すが、母と妻、そして一六歳の娘は、自宅から五〇〇メートルほど離れた畑の隅が「トイレ」だ。以前のカウルと同様、用を足すのは日が昇る前のあたりが暗い時間という生活を続けている。

「なぜ、トイレをつくらないのか」。そうした疑問をストレートにシンへぶつけると、妻や娘がいるせいか、やや困った表情を浮かべながら答えた。

「建設現場で働いているけれど、月収は四〇〇〇ルピーくらい。生活するので精いっぱいで、とてもトイレをつくる余裕なんてないですよ」

藁葺《わらぶ》きの屋根に、粗末なレンガを積み上げてつくられた家の壁。光のあまり入らない家の中には二つの部屋があったが、家財道具はほとんど見当たらなかった。カウルの家も決して立派なものではなかったが、それに比べても貧しい印象は否めない。

「トイレをつくるのなら、政府から補助金が出るのではありませんか？　それを使う考えはないのですか？」

「それは知っているけれど、補助金だけでは足りないと思います。トイレをつくっても、タンクを清掃したりするカネがかかるでしょう？　特に困ったこともないし、今のままでいいのです」

スワッチ・バーラトの政策により、トイレのない世帯が新たに設置をする場合は、一万二〇〇〇ルピーが補助金として支払われる。「小規模なトイレをつくるのに可能な額」というのがインド政府の説明だったが、シンはそう考えていなかった。なぜだろうか。パンジャブ州の保健当局に話を聞くと、「農村部では（地下に埋める）タンクを大型にしたいと考える人が多く、設置の費用も高額になる。一世帯当たり二万ルピー以上するだろう」という答えが返ってきた。トイレはあってもいいが、つくるのなら大型のタンクを設置したいというのは、シンが「タンクを清掃したりするカネがかかる」と話していたことと関連する。

農村でトイレを設置しても、下水道があるわけではないので、地下には汚物をためるタンクが必要となる。できるだけ大きいタンクを設置したいと考えるのは、できるだけトイレ掃除に関わりたくないという意味でもある。汚物が堆積《たいせき》すると、それらをかき出すことが必要となる。作業を依頼してカネを払うのが「経済的に負担だ」と思うのももちろんあるだろうが、そこにはトイレを「汚れたもの」として忌み嫌う独特の考え方も深く根差している。その点については後章で詳しく触れることにしたい。

いずれにせよ、シンがトイレ建設をためらっている理由の一つに、貧しさがあることは間違いなかった。「トイレがなくても困らない」とシンは話していたが、帰り際にこっそりと、女性のインド人スタッフから一六歳の長女に「本当にトイレは必要ないと思っているの？」と聞いてもらった。長女は父のシンや母に聞こえないように、小声で「家にトイレがあったらどれだけ便利かと思う。真っ暗な外で用を足す生活なんて、本当に嫌だ。でも、家にはそのお金がない」と答えたという。そこからは、トイレというキーワードを通じた「インドの経済格差」という現実が浮かび上がってくる。

トイレなき経済成長

昨今、世界からインドに向けて「急成長する巨大市場」や「右肩上がりの経済」といった視線が注がれてきた。とりわけ、二〇一四年にモディ政権が誕生して以降、一時は四半期ベースでGDP成長率が八％台を記録することもあった。その後、ノンバンクの破綻《はたん》による貸し渋りなどを背景に個人消費の低迷が続き、新型コロナウイルスの感染拡大を防ぐために二〇二〇年三月から全土のロックダウン（封鎖）を実施するなどしたことから、二〇一九年度（インドの会計年度は日本と同じ四月から翌年の三月まで）の成長率は四・二％と、リーマンショックの影響を受けた二〇〇八年度以来の落ちこみだった。進出している日本企業は、安全のため駐在員を一時帰国させるケースが目立ったが、それでも「インド市場の将来性に大きな変化はない」として、本格的な撤退といった動きにはなっていない。

インドに進出している日系企業の数は、二〇〇八年が五五〇社だったが、二〇一八年には一四四一社に増加している。外資系企業が事務所を構え、多くの日本人が住むニューデリー郊外のグルガオン（グルグラム）には、ショッピングモールやビルが建ち並び、レストランが軒を連ねる。

都市部でのそうした姿を見ると、インドの経済発展ぶりを実感するが、それはインド全体の姿ではない。日本に行ったことのあるインド人から「新宿《しんじゅく》や六本木《ろっぽんぎ》はにぎやかだけれど、それを見て『日本はとっても華やかな国だ』と思うのは、事実ではないでしょう。インドでも同じで、ニューデリーやムンバイの中心部は特別なのですよ」と言われたことがあるが、まさにそのとおりだと思う。ただ、違う点として挙げられるのは、インドにおける都市と地方の経済格差が、日本のそれと比べて格段に大きいということだ。

インドの一人当たりＧＤＰは、二〇一八年度が一四万二七一九ルピー（二二万八三五〇円）だ。これを各州と連邦直轄地別に見ると、最も高い南部のゴアが五〇万二四二五ルピー（八〇万三八八〇円）、そしてニューデリーが四〇万二一七二ルピー（六四万三四七五円）と続く。一方、最も少ないビハール州は四万七五四一ルピー（七万六〇六五円）、下から二番目のウッタルプラデシュ州は六万八七九二ルピー（一一万六七円）だった。ゴアとビハール州を比較すると、実に一一倍の差があることになる。

こうした地域での経済格差は、日本ではどうだろうか。内閣府がまとめた二〇一六年度の「県民経済計算」によると、「一人当たり県民所得」は全国平均が三二一万七〇〇〇円。最も高い東京都が五三四万八〇〇〇円であったのに対し、最も低い沖縄県は二二七万三〇〇〇円で、その差は約二・四倍だ。各都道府県別の一覧を見ると、東京だけが五〇〇万円台と突出して高く、あとは二〇〇～三〇〇万円台に収まっている。

もちろん、この数字をもって「日本の地域間格差はたいしたことはない」と言うつもりはまったくない。先進国に分類される日本と、まだまだ途上国のインドとでは、その格差を同列に扱うことも難しいだろう。だが、県民所得の上位五県と下位五県の平均値の格差は、高度成長期にあった一九五五年からオイルショックに見舞われた一九七〇年代前半までは二倍程度で推移していた。その観点からインドを見ると、国としての経済成長に大きな「いびつさ」が伴っていることがわかるだろう。都市部が発展していく一方で、GDPで下位にある農村部などの州は取り残され、トイレのない生活が続いていた。地方にとっては「トイレなき経済成長」だったのだ。

「村長がつくれとうるさいから」

ニューデリーから南に車で三時間ほど。ウッタルプラデシュ州のカーサイ村は、人口が八〇〇人余りの小さな集落だ。この村で、シュリ・ラム（四八）は小麦や野菜を栽培しながら、妻と高校生の息子の三人で暮らしている。年収は一〇万ルピー（一六万円）ほど。前述した一人当たりのGDP（ウッタルプラデシュ州は六万八七九二ルピー）を考えれば、ラムと妻の二人が農作業をして得る収入は、州平均よりは高いが全国平均には及ばないことになる。ニューデリーでコンピューター関係の仕事に就いている長男からの仕送りもあるが、年々物価は上昇し、高校生の息子の教育費もかかる。「生活は苦しい」というのが本音だ。

ラムが、打ちっ放しのコンクリートでできた二階建ての家の敷地内にトイレを設置したのは、私が訪れる二カ月前、二〇一九年一〇月のことだ。それまで、トイレを建設する気はなかったが、村長が説得にやって来て渋々応じたのだった。

「村長が家に何度もやって来て、政府の指示で村にトイレをつくらなくてはいけないというから、仕方なくそうしただけです。特別な思いはありません」

トイレをつくった理由を尋ねると、ラムは何度も首を振りながら、恥ずかしそうに話をした。自宅の中には、くみ置いた水を浴びることのできるスペースがあり、体を洗うとともに小便もそこで用を足していたという。ラムは「そうじゃないときは、近くの野原で済ませればいい。実に簡単なことですよ」と笑って見せたが、そうした考えが抜けきらないのか、新しいトイレもあまり使われている様子がなかった。

同じ農村でも、バウンドリ村を訪ねたときと違ったのは、女性たちもさしてトイレの設置に関心がなかったことだ。妻のカストゥリ（三八）は「トイレが必要だなんて、今まで考えたこともありませんでした」と言う。ラムの家の庭で話を聞いていると、そうした光景が珍しいのか、村人たちが次々と集まってきた。赤ちゃんを抱いたお母さんの姿もあったが、比較的年齢の若い女性たちはベールのようなものをかぶって素顔を出そうとしない。

それでもおしゃべりは好きなようで、トイレのことを聞くと、みんながほぼ同時に口を開いた。

「家の近くの野原を使っている」「危険なことはない」「あった方が便利かもしれないけれど、そんな余裕はない」——。にぎやかな語り口だが、トイレ設置に積極的な声は聞こえてこない。一人の女性が「村長がつくれとうるさいから」と話すと、男たちも一緒にゲラゲラと笑っていた。

マジック

カーサイ村の人たちと話をしていくうちに気付いたことは、決してトイレを拒否しているわけではないということだった。ラムが、集まった村人たちの意見をまとめるように、村が抱えている問題について説明してくれた。

「何よりも生活が大変です。道路が整備されていないから、どこに行くにも時間がかかり、雨で道が流されてしまえば収穫した作物を市場に持っていくこともできません。そもそも、市場は二〇キロも離れているので新鮮なまま届けるのが難しく、安く買われてしまうことも多いのです」

「地区（村より大きい行政単位）全体を見ても、若者を中心に仕事がありません。失業者も多く、農家の子どもは農家になるしかないのが現状です。働き手の多くは、よりいい仕事を求めて都会に行ってしまいます。私の息子もそうですが……」

後半の話は、過疎化に苦しむ日本の農村にも共通した課題だ。だが、道路や電気といった基本的な社会的インフラの未発達さは、日本の農村の比ではない。ラムは「電気も通るようになったし、携帯電話で銀行振り込みもできるようになりました。道路や水の事情も、昔に比べたらよくなってきています」と話すが、都市部との差は歴然だ。インド政府も、人口の約七割が集中する農村部は「大票田」でもあるだけに、そうした地域への振興策や農家への支援は、ことあるごとにアピールしている。それでも、十分な効果が出るに至ってないのは、それがまだまだ小手先の対応に過ぎないからだろう。

モディ政権では、スワッチ・バーラトが「成功した」として、インドの全世帯にトイレが設置されたと成果を強調している。それがいかに誇張されたものであるかはすでに述べたが、同様のことが電力の普及に関しても起きている。

モディは二〇一八年五月、自身のツイッターで「国内にある六〇万余りの村落すべてに電力供給を実現させた」と記し、画期的なことであると自画自賛した。モディの率いるB

ＪＰが政権奪取を狙った、南部カルナタカ州の州議会選挙で投票が行われる直前のタイミングだった。

だが、モディが強調している「すべての村の電化」は、すべての村の隅々まで電気が通ったという意味ではない。村の民家や公共施設など、建物の一割に電気が届けば「電力供給がなされた」という、かなり強引な定義を採用していたのだ。さらに「電気が届く」というのは、あくまでも送電線がつながった状態に過ぎず、必ずしも家の明かりが灯《とも》ることを意味していない。当時、ＢＪＰの報道官は「すべての村の電化を達成したのは、画期的な出来事として祝うべきことだ」と、モディの功績を持ち上げていたが、同時に「まだ道のりは長い。次の節目はすべての世帯に電力を供給することだ」とも述べている。「電化」が「電力供給」を意味しないということを、はっきり認めていたのだ。

国際エネルギー機関（ＩＥＡ）のまとめでは、二〇一七年の段階で、インドで電力供給がなされていない人の数は約二億四〇〇〇万人。世界で電気を使うことができない人の五人に一人がインドに住む人という結果をはじき出している。モディは「電力供給」の定義をかなり曖昧《あいまい》にすることで、あたかも二億四〇〇〇万人の電力問題を解決したかのような「マジック」を披露して見せたのだった。

自殺する農民が後を絶たない

カーサイ村の周りには畑が広がり、水牛がのそのそとあたりを歩いている。道路は舗装されておらず、近くにこれといった市場も見当たらない。携帯電話も受信状況が悪く、場所によっては圏外になってしまう。人々の暮らしを支える農業も、モンスーンの雨量や日照りによって収穫量は大きく左右され、収入は安定しない。一方で、種や化学肥料などを買い、子どもの教育費を捻出《ねんしゅつ》するために借金をする人たちも多い。村の人たちは、ほとんどが急な外国人記者の訪問を歓迎してくれ、笑顔で接してくれたが、日々の生活を尋ねると暗い表情となる人が少なくなかった。

「都会と違って、ここには何もない。仕事がないからカネもない。あるのは借金だけだ」

シンの庭先で小さな椅子に腰をかけていた初老の男性は、どうしようもないといった表情を浮かべながら、力なく語った。

インドでは、借金を苦にした農民の自殺が後を絶たない。肥料や農機具を動かすための燃料の価格は年々上昇するものの、作物価格は上がらず、農家の大半は借金に頼っているのが現状だ。カネがなければ土地改良やかんがい施設の整備に手が回らず、気象条件に対応できないまま、不作の連鎖に陥ってしまう。インド内務省のデータでは、二〇一五年にインドで自殺した農業関係者は一万二六〇二人にのぼっており、自殺者全体の九・四％を占めている。自殺した原因も、借金の返済や破産といった経済的理由が三八・七％と最も多い。借金苦による農民の自殺は社会問題にもなっているのだ。

このため、選挙前になると農民たちは借金の帳消しを求めて、大規模なデモを行うのが常となっている。二〇一八年三月には、西部マハラシュトラ州の農民が帳消しを求めたデモを行い、州都ムンバイには約六万人が集まって気勢を上げた。ＢＪＰ系の州政府は農民らの要求を受け入れ、農民一人当たり最高一五万ルピー（二四万円）までの帳消しを約束している。ＢＪＰは帳消しを公約に掲げ、二〇一七年三月に行われたウッタルプラデシュ州の州議会選で圧勝している。だが、こうした借金帳消し策は、財政状況を無視して導入されたケースも少なくない。マハラシュトラ州政府は、帳消しによって二〇一八年度予算で一五〇〇億ルピー（二四〇〇億円）の歳入不足に陥ったと発表している。

財政状況を無視したまま、大票田の農村票目当てに政治家が「徳政令」を出すことで、一時的に農民の負担は軽くなっても、脆弱《ぜいじゃく》なインフラや不安定な収入といった農村の抱える問題は何ら解決しない。インドのメディアは「(帳消しは)農民を苦境から救う最良の方法ではない」とする専門家の意見をたびたび伝えているが、同じことが繰り返されているのが現状だ。農村部の人たちがトイレの設置に必ずしも積極的ではないのは、致し方ないことなのかもしれない。

取材を終えるころには、すっかり日が暮れ始めていた。ラムの自宅に招かれると、カストゥリがチャパティを焼いてくれた。チャパティは全粒粉に水や塩を混ぜ、薄くのばして鉄板で焼いたもの。日本で有名なナンは精製した小麦粉を使い、発酵させてから土窯で焼いてつくる「高級料理」で、一般的な家庭料理ではなく、生活に根付いているのはチャパティだ。添えられた手作りのバターやピクルスとともにチャパティを口に運ぶと、素朴ながら重厚な味わいが広がった。温かいチャイを飲めば、けっこうお腹がふくれる。

チャパティは、粗末なベッドに座っているラムの横に腰掛けて食べた。「村のまとめ役だった」というラムの父のほか、長男が成績優秀で表彰された時の写真などを飾った棚に小さなライトが付けられ、部屋の中を灯している。私のすぐ向かいには、次男の高校生、ソハン(一八)が自分のベッドに腰掛けて、チャパティを食べながら「日本の農村はどんなところですか」と次々に質問してきた。

「将来は何になりたいの？」と尋ねると「お兄さんのようにコンピューター関係の仕事をしたいけれど、難しいので、父と農業をすることになるのかと思います」と言う。

「自分の家は生活が大変だと思う？」

「そうですね……。父や母を見ていると、苦労をしているのに大変だと思います」

「インドの農村にトイレが少ないのは、そうしたことと関係があるのかな」

「もちろんですよ。カネがあればトイレはできるけれど、トイレがあってもカネにはなりません」

その答えに私が大きくうなずくと、ソハンはラムと嬉《うれ》しそうに笑っていた。

第三章　人口爆発とトイレ

——成長する都市の光と影

汚れた「聖なる川」

人の波をかきわけるように、荷物を満載にしたリヤカーを引く男が通り過ぎ、その後ろからバイクや自転車がやって来た。我が物顔をした牛たちは、雑踏の中を平然と歩き、その場に座り込んだり糞《ふん》をしたりしている。歩く人たちと駐停車した車で道路の幅は狭くなり、行く手を阻まれた車の鳴らすクラクションが人いきれに溶け込んでいった。道の両脇に商店が並び、地べたに腰を下ろした物乞《ものご》いやサドゥーたちが、私と目が合うと手を伸ばしてくる。サドゥーとはヒンズー教における修行者を意味するが、菩提樹《ぼだいじゅ》のアクセサリーを身にまとい、肌に白い灰を塗った姿は、周囲のカオスな光景とよく似合う。道の先には、ヒンズー教徒が「聖なる川」として崇《あが》めるガンジス川がある。インド中からの巡礼者や内外の観光客が押し寄せるバラナシは、ヒンズー教の八大聖地の一つに数えられており、人々のにぎわいが絶えることはない。

インドの人たちは、ガンジス川のことを「ガンガー」と呼ぶ。ガンガーを流れる水は「聖水」とされ、万能薬としてだけではなく、すべての罪を清めることができると信じられている。死後、遺灰をガンガーに流すと天国に行け、無限に続く輪廻《りんね》からも解脱できるという。ヒンズー教徒にとっては、バラナシにやって来てガンガーで沐浴《もくよく》することは、生涯の願いでもあるのだ。とりわけ、一二年に一度の宗教行事「クンブメーラ」では、ガンガーの水で罪を洗い流すと神の救いを得られるとされていることから、大量の人が押し寄せる。

二〇一三年は、一四四年に一度の「マハークンブメーラ」に当たり、初日の一月一四日だけで一一〇〇万人が沐浴したという。

ガンガーに沿ってつくられたガート（川岸の石段）に集まった人々は、水の中に全身を沈め、くまなく「聖水」を染みわたらせながら、恍惚《こうこつ》の表情を浮かべて祈りをささげている。周囲の店には、プラスチック製のボトルに入った「ガンガーの水」が売られている。

「この水は決して腐ることがない。持って行けば、インド中のどこでもガンガーの御利益に与《あず》かれる。もちろん日本にいても大丈夫だ」

商店主が、ひげ面に不敵な笑みを浮かべながら、ボトルを買えと勧めてきた。

だが、ガンジス川での沐浴には、生命の危険にさらされるリスクが伴っている。その理由は、深刻な水質汚染だ。二〇一八年三月、インドの地元メディアは、バラナシでガンジス川の水質調査を行ったところ、一〇〇ミリリットル当たりに含まれる糞便性大腸菌が、基準値の九～二〇倍に達していたことを報じている。驚くべき数値だが、それはバラナシでガンジス川を見ていると納得がいく。ガートのあちこちには周囲の建物から排出された生活用水が集まり、そのままガンジス川に流されているからだ。人々はガンジス川で洗濯をし、顔を洗って歯を磨き、魚を捕ったり泳いだりする。火葬した後の遺灰や、排せつ物までもそのままガンジス川に放ってしまう。バラナシを流れる「聖なる川」は、いつの間にか汚染物質でいっぱいになってしまっていたのだ。

信じる者は救われる?

バラナシは二〇一一年の国勢調査によれば約一二〇万人が住んでいる大都市だ。人口は二〇二〇年に一八〇万人を超えたとみられ、二〇三五年に二六五万人、二〇五〇年には三六〇万人に達すると予想されている。排出される下水量も二〇二〇年の日量三億二〇〇万リットルから、二〇三五年に日量四億二五〇〇万リットル、二〇五〇年には日量五億四〇〇〇万リットルと年々上昇していく見通しだ。

一方、バラナシにある下水処理場では、二〇二〇年の段階で日量三億六一八〇万リットルまで処理が可能で、現段階では何とか持ちこたえている計算になる。だが、これらはあくまでも処理能力で考えているに過ぎない。バラナシで出される汚水が、すべて下水管を通って処理施設に運ばれているわけではなく、直接ガンジス川に流されたり、下水管から漏れ出して雨水とともに運ばれたりするケースもある。

「バラナシはガンジス川に沿って発展した街で、とても古い歴史を持っています。上下水道も、古いところでは一〇〇年以上前に敷設されています。それだけに、古くなって破損しているところも少なくありません」

バラナシ市内の下水処理場でエグゼクティブ・エンジニアを務めるヴィヴェク・シン（五〇）は、灰色に濁った汚水が流入してくる沈殿槽を案内しながら、数字を交えて解説した。処理場では日量一億四〇〇〇万リットルの汚水に対応できるが、訪れた二〇二〇年二月は、日量八〇〇〇万リットルを処理しているとのことだった。集められた汚水は沈殿槽で大きなゴミなどを取り除いた後、微生物を送り込んでかくはんすることで分解を促し、さらに沈殿させて汚泥を分離させていく。シンプルな工程だが、流入時には嫌な臭いを発していた汚水も、最終工程ではほぼ透明な水に変化している。

「この水をパイプに通し、ガンジス川に注ぐ水に戻しているのです。ガンジス川の水は、私たちにとって特別なものです。汚れを取り除くことができていることに、とても誇りを感じています」

シンは、そう胸を張った。

だが、そうした下水処理に立ちはだかるのが、毎年六月から一〇月ごろまで亜熱帯気候のバラナシを覆う雨季だ。雨が集中して降ると道路は水であふれ、排水溝から汚水が逆流してくる。ガンジス川の水量も増し、ガートが完全に水没してしまうのも珍しくない。市内で迷路のように張り巡らされた細い道には、濁った水が小さな川のように流れていく。

「下水道が雨水で詰まってしまって、トイレの汚水が逆流してくることもあります。ここは高い場所にあるからいいけれど、低いところでは汚れた水が押し寄せてきますよ」

ガンジス川近くのバックパッカー向け安宿を切り盛りするスダルサン・ビソン（三二）は、やや顔をしかめながら話をした。雨季になると宿の近くの小路も水浸しになるが、「どんなに汚れているかわからない」と、できるだけ避けて通るという。

そうした汚水は、やがてガンジス川に流れ着く。ヒンズー教を信じるインドの人たちにとって、排せつ物などが混ざった水も「聖なる川」に注がれれば浄化されると考えているのだろうか。ビソンにそう聞いてみると、笑いながら「そうかもしれませんね」と答えた。ニューデリー出身のビソンは、取り立ててガンジス川への思い入れが強い印象はなく、私の質問も冗談だと思ったのかもしれない。しかし、ビソンに会う前日、ガートからガンジス川をぐるりと回る観光用のボート（といっても粗末な木製のボートだが）に乗っていたとき、私は驚くべき光景に出くわしていた。

早朝、ガンジス川で日の出を見るためにボートに乗るのは、バラナシ観光では定番のコースだ。ガートを歩いていると、あちこちから「ボートに乗らないか」と船頭たちが声をかけてくる。船から見る日の出は、どこか神秘的な雰囲気を感じさせるが、川面《かわも》に目をやると灰色に濁った現実が待っている。手ですくうと、どこか生臭さが漂っていた。船頭に『聖なる川』にしては汚れていますね」と話しかけると、その男は「これは罪も穢《けが》れも洗い流す水なのだ。決して汚れているわけではない」と言い張った。

「これが汚れていないのですか？」

やや呆《あき》れながら口にした私の言葉に、船頭はややムキになった表情を見せ、ガンジス川の水を両手ですくい上げると、一気に口に含んでゆすぎ、うがいをした。再び水をすくうと、今度は両手で顔を洗う。あっけにとられている私に、いかにもさっぱりした様子を見せながら「いつもやっていることだ」とつぶやいた。

ガートに戻ると、男たちがパンツ一丁になってガンジス川につかっている。ニューデリーから訪れたというラガブ・ジョディ（四二）は「心が清められます。濁っていても、これは聖水なのです」と、満足げな表情だ。水質汚染を伝えるニュースが流れていることを話題にすると、たちまち「ガンジス川のことをまったく理解していないのです。聖なる川に汚れはありません」と一蹴《いっしゅう》された。トイレの汚水が流れ込もうと、信じるものは救われる、ということなのだろうか。

疲れ切った川

インド政府の歴代政権はガンジス川の水質改善を政策目標に掲げ、さまざまな計画を打ち出してきた。モディ政権では、二〇一五年に五年間で総額二〇〇〇億ルピー（三二〇〇億円）を投じるガンジス川の浄化計画を発表しているほか、汚染実態の解明に向けた調査にも乗り出した。また、バラナシの下水道施設の建設には、日本が国際協力機構（ＪＩＣＡ）を通じて支援を行っており、公衆トイレの設置も進めている。

しかし、聖なる川の汚染が解消するのは容易ではない。ヒマラヤに源流を持つガンジス川は二五〇〇キロにわたる長さがあり、流域全体では日量一五億リットル以上の汚水が流れ込んでいるという。さらに、七〇〇を超える工場からは日量五億リットルの廃液が未処理のまま垂れ流されているとの指摘もある。

「バラナシの下水処理施設を整備しても、ほかの地点で汚水が流れ込んでいれば、ガンジス川を浄化する効果は大きく薄まってしまう」

ＪＩＣＡの担当者は、頭を抱えていた。

ものは試しと、ガートからガンジス川に入り、膝《ひざ》上まで水にひたしてみた。思った以上の冷たさを感じながら川の中へ進んでいくと、足の裏に奇妙なぬめりを覚えた。水面に顔を近づけると、灰色の中に黒い無数の点が待っているのが見えて、思わずのけぞってしまった。人間社会からあまりに多くの「穢れ」が流れ込み、すべてを洗い流す「聖なる川」も疲れ切っているようだった。

都会の持つ別の顔

ニューデリーの空の玄関口であるインディラ・ガンジー国際空港に降り立ち、市内へ向かう車に乗り込むと、五分ほどで「エアロシティー」の風景が車窓から見えてくる。エアロシティーは一周するのに車で一〇分もかからないほどの狭いエリアだが、そこには高級ホテルや商業ビルが建ち並び、日本の商社や銀行もオフィスを構えるなど、周囲から見ると別世界の佇《たたず》まいだ。

さらに車を進めていくと、ヨーロッパなどの高級ブランド店が入るショッピングモールが現れる。その一つである「アンビエンスモール」には、二〇一九年一〇月にカジュアル衣料品「ユニクロ」のインド一号店がオープンした。

「一三億の人口を持つインドは、若者層が多く、これからの飛躍が望まれる国だ」

ユニクロを運営するファーストリテイリングの柳井正《やないただし》会長兼社長は、開店に合わせてニューデリーを訪れて記者会見を行い、インドへの熱い期待を語った。発展していく都市の姿は、経済成長と中間層の拡大が見込まれるインドをそのまま表している。

インドには、近郊の都市を合わせて首都圏で約二八五一万人を擁するニューデリーのほか、ムンバイ（一九九八万人）、コルカタ（旧カルカッタ、一四六八万人）、ベンガルール（バンガロール、一一四四万人）、チェンナイ（一〇四五万人）、ハイデラバード（九四八万人）と、一〇〇〇万人規模の巨大都市が各地にある（人口は二〇一八年推定値）。一〇〇万人規模の都市となると、その数は一気に増えていく。現在は総人口のうち七割ほどが農村部に住んでいるが、都市部への人口流出が進み、二〇五〇年には都市部と農村部の人口割合が逆転すると予想されている。「時代遅れの田舎を出て、都会で一旗揚げる」という立身出世の物語は、今でもインドの人々を惹《ひ》きつける力を持っているのだろう。

きらびやかなショッピングモールや、スーツ姿のビジネスパーソンたちが出入りするオフィスビルは農村部では目にすることのできない光景だ。行き交う人たちの姿も、都市部の方がどこか垢抜《あかぬ》けている。

だが、都会の持つ顔はさまざまで、決して一つではない。華やかな表通りを一歩抜けると、小さな商店や住宅が密集する地区が無数に点在している。人が集まれば、その数だけの生活があり、その数に応じて排水が出されていく。そうした地区の裏側をのぞくと、地中から突き出た排水溝から悪臭を放ちながら、汚水が澱《よど》んだ川に注がれている場面に出くわすのは珍しいことではない。高級ホテルの快適な部屋や、商業ビルのこぎれいなフロアにある水洗トイレから出された排水が、都市部を汚染する原因になっているのだ。

聖なるドブ川

ニューデリー郊外を流れるヤムナ川。ヒンズー教徒のインド人が「聖なる川」として崇拝するガンジス川の支流で、同じく信仰の対象になっている。だが、口の悪い若者などからは「聖なるドブ川」と揶揄《やゆ》されている。ヤムナ川の流れはニューデリーを通るうちに、排せつ物などを含んだ未処理の下水や工場排水によって激しく汚染され、世界遺産として世界的に有名な「タージ・マハル」があるアグラに到達するころには、巨大なドブ川になっているのだ。

ニューデリーでヤムナ川にかかる大きな橋を車で走っていると、川面のあちこちに白い固まりが浮いているのが目についた。ヤムナ川の流れは緩く、川に泡が浮かぶような場所はないはずだ。そう思って川岸に近寄ってみると、確かにそれは泡だった。しかし、川の流れによってできる自然の泡ではなく、水中に含まれる化学物質が反応して発生したものだった。白い泡の隙間からは、ドス黒い川の水が姿を見せており、そのコントラストが何とも不気味な印象を与えている。

川岸の近くで座っていた初老の男性に話を聞いてみた。

「泡は少ないときもあれば、多いときもある。白い泡が氷山のようになって、川面を覆ってしまうこともある」

インドメディアの報道をたどっていくと、ヒンズー教の祭りに合わせて、人々が腰のあたりまで泡立っている中に入っていったり、水上の泡を手でよけて供え物を流そうとしたりする姿が散見された。あるインターネットメディアは、こうした写真とともに「聖なる川で祈るのはインドでは当然のことだが、こうした汚染された状況で人々が祈る姿も、インドの各地で見られる」と記している。このような光景は、決してニューデリーだけで起きている現象ではないのだ。

後日、環境問題を扱うNGOのスタッフに聞いたところ、泡の正体は洗剤によるもので、処理されないまま家庭や工場から流されたのが原因だという。日本でも公害が社会問題となった一九六〇年代に、多摩川《たまがわ》の下流で洗剤による泡が大量に発生しており、その写真を見るとヤムナ川のそれとよく似通っていた。

川の近くには粗末な家の集落があり、泡の浮いている川に釣り糸を垂らし、または網を放って魚を捕ろうとする人の姿もあった。魚が生息しているのかわからないが、釣れたとしても相当な臭いを有しているはずだ。もしかしたら、身に有毒物質を含んでいるかもしれない。そう思っていると、子どもが川に近づいていって用を足していた。集落の一帯には、トイレとわかる建物はない。おそらく、排せつ物もヤムナ川に流してしまっているのだろう。

ニューデリーなどでは、ヤムナ川の水を集めて化学処理をし、水道から出る水として一般家庭などに供給している。こうした光景を見ると、汚染が十分に取り除かれているとは到底思えず、さらには処理のために塩素などを大量に用いているだろうから、水道水といっても健康には危険極まりないと考えられる。私は、飲み水にはミネラルウォーターを使用していたが、自宅で浴びるシャワーの水はもちろん水道水だ。自宅の水がヤムナ川のものかはわからないが、ひどく暗澹《あんたん》たる思いになったままその場を辞した。

下水インフラは都市部でも未発達だ

インドでは、都市化が進む一方で下水処理の能力が追いつかず、排せつ物などを含んだ生活排水などが、そのまま川や海などに廃棄されている。独立系メディア「インディア・スペンド」が二〇一六年一月、その前年に発表された政府のデータに基づいて計算した結果によると、都市部では日量六二〇億リットルの下水が出されるが、処理能力は日量二三三億リットルにすぎず、全体の四割にも満たないという。

さらに、都市部にある八一六の下水処理施設の稼働状況を詳しく調べたところ、実際に処理されているのは日量二三三億リットルを下回る日量一八九億リットルで、都市部で発生する下水のおよそ七割は処理されないまま放出されている計算となる。インドの水資源の四分の三が汚染されている可能性が高く、現状を放置することによって「都市が自分たちの使う水を汚していることになる」と指摘している。

インドでは、都市部でも下水インフラが未発達で、トイレや台所からの排水が下水道に接続されている世帯は三割程度にすぎない。その三割も大都市圏に偏っており、中小規模の都市では下水道の整備がさらに不十分だ。インド政府の中央公害防止委員会がまとめたデータでは、人口一〇万人以上の都市での下水処理能力は発生量の二三％だが、五万人以上一〇万人以下の都市になると五％に下落する。九割以上の下水がそのまま河川に流されているとは、想像するだけでも背筋が寒くなる。

もちろん、一連のデータは公表から時間がたっており、下水処理施設の増設やリニューアルなどで状況が一定程度改善されている可能性はある。しかし、都市部で日々排出される下水のうち、未処理のまま放出されているという七割の水量が、この間で劇的に減少したとも考えづらい。単純に考えても、都市部にある下水処理施設の数を三倍以上にしなくてはならないが、そうしたデータは見当たらず、インドメディアの報道にも出てこない。

一方で、都市部の人口増加は続いており、状況は変わらないか、より悪化していることすら考えられる。

スワッチ・バーラトのように、インド中でトイレの設置が一気に進み、野外排せつがゼロになるといった「マジック」は存在していないのだ。

行政のアクションは鈍い

こうした現状は、司法の場でも明らかになっている。二〇一九年二月、環境関連の案件を審議する「国家環境裁判所」は、インドの都市部で発生する下水のうち、六〇％以上が未処理のまま川などに流されていると指摘した。国家環境裁判所では、南部タミルナド州の都市セーラムを流れる川で生活排水の垂れ流しが行われているとの訴えが出され、審議が続けられていた。裁判所は、セーラム市当局に対して三カ月以内に適切な措置をとるように命じ、その中で依然として六〇％以上の下水が未処理のまま排出されている現状を「認定」したのだった。

審議の中では、河川へ汚水を垂れ流すことに対しては法的な規制があり、違反した場合の判例が数多く出されているにもかかわらず、これを無視する形で違法な排出が行われ続けていると指摘している。さらに、規制する立場の行政も現状を放置し、積極的に対応しなかったとして、市当局の姿勢も厳しく批判した。

「環境の悪化は、人々の健康に深刻な影響を及ぼし、今すぐ対処する必要がある。当局の瑕疵《かし》によって環境に害が及ぶ場合、裁判所はさらなる害を防ぐ抑止力として機能するため、厳格に関与する必要がある」

判事の言葉からは、事態に対する深い憂慮が伝わってくる。

こうした事態は、当然ながらインド政府も認識しているはずだ。都市のインフラ整備や環境問題の専門家で、インド政府のアドバイザーを務めるインド行政職員大学教授のスリニバス・チャリーは、トイレから出る排せつ物などの下水処理を念頭に「都市部の廃棄物をどう処理し、安全に廃棄するかについては、ほとんどの州政府にとって優先的な課題になっていません」と、二〇一九年一一月に有力紙「タイムズ・オブ・インディア」のインタビューで述べている。

チャリーは「国や州レベルでの（汚水処理に関する）政策は明確で適切なものです。問題は、どう履行しているかなのです」と言い切っている。誰も反対できないような理念を掲げつつ、見かけの数字を達成することに注力してしまったモディのスワッチ・バーラトに通じるような皮肉だなと思っていたら、インタビューの中でスワッチ・バーラトにも言及していた。スワッチ・バーラトの理念に理解を示した上で、チャリーはこう述べている。

「（スワッチ・バーラトは）排せつ物の処理に対して触れていますが、自治体レベルでそれらを管理するための資金をどうやって確保し、処理するための機関にどのような権限を与えるのかということに重点を置いていませんでした。（排せつ物などの処理を）維持するためには専門家やスタッフ、資金といったリソースが必要です」

「スワッチ・バーラトによって、多くの家にトイレが設置され、人々はそれを歓迎しました。しかし、排せつ物はトイレで洗い流され、安全な処理施設に運ばれなければなりません。（中略）都市部の世帯は七〇％が浄化槽やタンクなど、排せつ物を封じ込めるシステムを使っています。そこで発生する汚泥を安全に管理するためのシステムが必要なのです」

トイレを設置しても、下水道やたまった汚泥を処理するシステムを整備していかなければ、衛生環境の向上にはつながらない。それどころか、河川の汚染や人々の野外排せつといった問題を生み出してしまう。しかし、そこに対する行政のアクションは鈍い――。インタビューの言葉には、専門家として現状に危機感を示し、行政が早急に対応すべきという思いが詰まっている。

盗水と盗電

では、環境裁判所やチャリーが指摘するように、なぜ行政サイドはスピード感を持って対応していないのだろうか。一因として考えられるのが、水道当局の予算不足だ。上下水道を管理する当局の財務体質が脆弱《ぜいじゃく》なことから、下水道や処理施設を十分に整備できない。施設や設備にかけるカネがなければ、下水の処理能力を上げることもできず、水質汚染は放置され続けてしまう。そうした状況を引き起こしている問題の根底にある一つが、水道の「無収水率」だ。

無収水率とは、浄水処理されて供給される水量のうち、実際の収入につながった水量を除いた割合のことを指す。割合が高いほど、水が供給される過程で水道管から漏れてしまったり、盗水や検針の改ざん・計器の誤動作などによって、失われた水量（無収水）が多いことになる。水道当局の収入は、消費者が支払う水道料金によって支えられることから、無収水率が多いとそれだけ財政基盤を脅かすことになる。

インドの水事業を支援しているJICAによると、インドの無収水率はニューデリーが五二%、ベンガルール（バンガロール）で五一%に達する。日本では平均一〇%で、東京では四%という低さだ。老朽化によって一定程度水が漏れてしまうことは防ぎようがなく、

ＪＩＣＡの担当者によると「五％以下に抑えるのは相当難しい」という。ともあれこの数字からは、首都ニューデリーに供給される水の半分以上が、費用を回収できないまま消えていることになる。

下水管などのインフラを整備するためには、水道料金を上げて財源を確保すべきと考えるかもしれないが、インドでは水道料金の値上げは庶民生活を直撃することから、有権者の反発を恐れる政治家は実施に及び腰だ。それどころか、選挙になると水道料金の減免を訴えて、人気を得ようとする候補者も少なくない。料金を上げても、水道管を掘り出して穴を開け、漏れた水を勝手に持って行く「盗水」が横行するほか、反発して支払いを拒否するケースも続出し、一筋縄ではいかない。

ちなみに、インドでは「盗水」のほかに「盗電」が日常茶飯事に行われている。「盗電」は読んで字の如く、電柱や住宅の配電盤から不正に電線を延ばし、自分の家で使う行為だ。ニューデリーに住む日本人駐在員の間では、自宅の電気料金が高いことを不審に思い屋上の配電盤を調べてみると、何本もの電線が近くの住宅街に延びていたという話をよく聞いた。街中にある電柱には、もし「何本あるか数えろ」と言われたら絶望的な気持ちになるほどの電線がぶら下がっており、どれが正規の契約を結んでいるものなのか知るよしもない。そうした「盗電」によって送電ロスが多く発生し、不安定な電力供給や収益不足の原因にもなっている。

料金値上げが難しい環境や盗水、そして消費者の料金不払いなどにより、水道当局の財政事情は厳しくなり、それによって行政サービスの低下を招いてしまう。水道水が供給される時間は、都市部でも一日数時間程度だ。設備のしっかりした住宅は、地上や屋上にタンクを設置し、そこに水をためて給水されない時間でも不自由なく使うことができるが、多くの世帯ではそうはいかない。低レベルのサービスに人々がカネを払う気はなくなり、水道料金は回収できないままという悪循環が続くことになる。

ニューデリー中心部の住宅街では、古くなった下水管に穴が開いて汚水が漏れ出し、近くを通っていた水道管に染みこんで、一帯の住民に腹痛や発熱などの健康被害が続出するというトラブルも起きていた。下水管が古くなって傷んでいても、予算不足で交換できなかったことが招いた一件だが、排せつ物の混ざった汚水をそのまま河川に流していることも含めて、都市の下水インフラ整備がいかに遅れているかがわかるだろう。この状況を放置し続ければ、多くの人の健康を脅かすことになるのは明白だ。スワッチ・バーラトでトイレの数を増やす一方で、出された排せつ物を処理する施設の充実を後回しにしてしまったのでは、まさに本末転倒と言えるだろう。

地下水の減少も進んでいる

インドは都市部を中心に人口が増加し、総人口でも二〇二七年には中国を抜き、世界一に躍り出ると予測されている。しかし、都市部を中心に排出される下水の量が処理量を大きく上回っているように、水をめぐる問題はインド全体に大きくのしかかっている。その最たるものが、深刻な水不足だ。

二〇一八年六月、インドの政府系シンクタンク「インド行政委員会（ニティ・アーヨグ）」は、国内で六億人が水不足に直面し、毎年二〇万人が汚染された水によって死亡しているという報告書を発表し、話題を集めた。ニューデリーなど二一都市で、二〇二〇年までに地下水が枯渇する可能性があるとの見通しも示し、インドが「史上最悪の水不足の危機」に陥っているとして、一刻も早く有効策を取るよう警鐘を鳴らしている。

水不足の原因として指摘されているのが、急速な都市化と人口増加に伴う水使用量の増加だ。生活用水だけではなく、農業用水や工業用水も需要が増しており、報告書では、二〇三〇年までに水の需要が供給の二倍になると見積もっている。下水道や処理施設が不十分なため、排水を浄化して再利用する「水のリサイクル」は機能しておらず、重要な水源となっているのが地下水だ。インド全体の水供給量のうち、四割ほどを地下水に頼っているが、過剰な取水によって地下水の水位は大きく減少している。二一都市で地下水が枯渇するとの予想は過剰取水が原因で、一億人に影響を与えると予測している。

インド全土の年間降水量は四〇〇〇立方キロメートルほどだが、その八割ほどが六～九月の雨季に集中しており、水源として利用できるのは約六九〇立方キロメートルにとどまっているとされる。一方で、水使用量の八割を占めるとされている農業部門では、そうした貴重な雨水を十分に活用できていない。インドの農業耕作地に対するかんがい普及率は三四・五％にすぎず、農家の多くは地下水を用いている。人口が増えると農作物の需要も増え、それに伴って地下水の使用量も増えていき、過剰取水に歯止めがかかっていない。

アジア開発銀行（ADB）がまとめた「アジア水事情」によると、「家庭用の水道の安全性」「都市部の水の安全性」「国の水安全指数」などに関する評価で、インドは五点満点の一・六点と最低点をつけた。地下水の取水量は二五一立方キロメートル（二〇一四年）と、主要二〇カ国・地域（G20）の中で最も多くなっている。過剰取水で地下水の水位がどんどん低下していくだけではなく、七割の下水が処理されずに放出されている状況では、貴重な地下水の汚染も進んでいく。不衛生な水が飲料水として用いられることも多く、世界一二二カ国を対象にした水質に関する調査で、インドの順位が一二〇番目だったことが、その現状を物語っている。

日本貿易振興機構（ジェトロ）の調べによると、地下水を確保するために重要となるインドの降水量は、二〇〇〇年～二〇一七年の平均量が、一九五一年～二〇〇〇年までの平均量よりも七％減少した。一方で、二〇〇〇年～二〇一七年でインドの人口は約三〇％増加している。人口と水需要、未処理のまま河川に排出される下水が増える一方で、地下水は減り続けているのだ。

「スラムドッグ$ミリオネア」のロケ地

インドで政治の中心は首都ニューデリーだが、経済の中心となればムンバイだ。旧名である「ボンベイ」の方が、多くの人の耳には親しみがあるかもしれない。古めかしい政府庁舎が中心部に集まるニューデリーとは違い、ムンバイは商都らしく数多くの高層ビルがそびえる。世界経済に影響を与える重要拠点として存在感を高め、インド国内はもちろん世界中から資本が流入しており、ムンバイがあるマハラシュトラ州をインドでトップクラスの「富裕州」に押し上げている。

ムンバイの街を歩くと、目に飛び込んでくる光景が三つある。一つは建ち並ぶ高層ビル、もう一つが日常茶飯事となっている激しい交通渋滞、そしてあちこちに点在するスラムだ。横浜《よこはま》市とほぼ同じ面積に約二〇〇〇万人（横浜市は約三七五万人）の人口を抱えるムンバイでは、四割ほどの人たちがスラムに住んでいるとされている。その中には、地方の農村などから「富裕州」へカネを稼ぎにやって来た労働者たちも少なくない。高層ビルとスラムが同居する光景は、富と貧困が交錯するムンバイの現実をそのまま表している。

ムンバイに五〇〇ほどあるとされるスラムの中でも、最も知られているのが「ダラビ地区」だ。東京ドーム約三七個分の広さに一〇〇万人以上がひしめき合い、アジア最大のスラムとも称される。アカデミー賞を受賞したイギリス映画「スラムドッグ$ミリオネア」のロケ地にもなったことで、一躍有名になった。

ダラビ地区に入ると、細かい路地が入り組み、迷宮のように街が広がっている。舗装されていない路地に荷物を背負った男たちが行き交い、建物からは機械音が鳴り響く。小さな工場の窓をのぞくと、薄暗い中に差し込んだ日光が、一帯に漂うほこりを浮かび上がらせていた。ダラビ地区には、プラスチックやアルミなどのリサイクル工場や金属加工、革製品作りなどが産業として確立しており、多くの労働者が日銭を稼いでいる。工場エリアと住宅エリアに分かれて、ムンバイという大都市の中にもう一つの都市が形成されているようだ。

スラムの環境改善を支援するＮＧＯに案内されて住宅エリアに入ると、日光の届かない細い路地は昼間でも暗く、排水溝をネズミが走り回っていた。部屋をのぞくと、一〇平方メートルほどの狭いワンルームに四～五人の家族がひしめきあって住んでいる。靴の修理工である夫と母、息子の四人で暮らすメラ・バンミ（四〇）の住む部屋も、その一つだ。公務員住宅の家政婦として毎月八〇〇〇ルピー（一万二八〇〇円）の収入を得ているが、プロパンガスの価格や電気料金が上がり「生活がより苦しくなりました」と言う。息子が高校を出ても職が見つからないのも気がかりだ。

部屋を見渡すと、調理器具のほかに洗い場もある。傍らには大きな桶《おけ》と仕切りのカーテンがあり、体を洗う場所としても使っているとのことだった。トイレは設置されておらず、地区内に点在する公衆トイレを使っている。一回の使用料金は二・五ルピー（四円）だ。

「何度も行けば、それだけ家計の負担になってしまいますから、多くても一日に二回までにしています。朝や夕方は、混んで並ぶこともあります」

そう話すバンミに、夫や息子はトイレを使わずに周囲で用を足すこともあるのではないかと尋ねると、笑いながら「そうかもしれませんね」と答えた。

バンミの暮らすエリアの住民たちが使う公衆トイレは、路地が交差して道のやや広まったところにあった。コンクリートで頑丈につくられた建物には、入り口に管理人の男性が座り料金を徴収している。中に入ると大小それぞれ五つほどの便器があり、薄暗いものの一定程度の清潔さは保たれていた。管理人に、ここで出された排せつ物はどこに行くのかと聞くと、なぜそんなことに興味があるのかと不思議そうな表情を浮かべながら「下水道につながっている」と答えた。それが本当かどうかわからない。だが、管理人は説明を付け加えた。

「ダラビは有名なスラムで人も多いから、政治家がいろいろな支援を提供してくるのです。ここにトイレがあるのもそれが理由ですよ」

ダラビ地区は貧困層の集まるスラムではあるものの、住宅エリアには水道や公衆トイレがあるほか、電気も通っている。最低限の生活インフラが確保されているせいか、狭い部屋からは「貧しさ」は伝わってくるものの、暮らしている人たちに悲愴《ひそう》感はあまりない。犯罪の発生率も低く、NGOのスタッフによると、スラムの中でも「五つ星」の場所だという。それだけに、スラムではあるものの、一定の収入がある人たちではないと住むことができなくなっている。

「非公認」のスラム

では、「五つ星」のエリアに住めない人たちはどうしているのだろうか。

ダラビ地区で商店などが集まるエリアにある雑居ビルの二階。急なはしごを登って中に入ると、カーテンの縫製を行う作業場があった。部屋には大きな作業台が置かれ、五人ほどの男たちが黙々と作業をしていた。その一人、モハマンド・シャミ（三七）はインドでも最貧州のビハール州で育ち、二〇年ほど前にダラビ地区へやって来た。「ムンバイは金持ちの街。行けば何か仕事があり、稼げるだろうと思っていました」と言うが、現実は違っていた。

朝から晩まで働いて、月収は八〇〇〇ルピー（一万二八〇〇円）ほど。故郷に残してきた家族への仕送りもあり、食費を切り詰めても生活はギリギリだ。ダラビ地区の住宅エリアに居を構える余裕はなく、作業場の隅で寝起きをしている。シャワーはもちろん、トイレもない。公衆トイレの近くにある水道を利用して、時折水浴びをする。だが、公衆トイ

ミャンマーとの国境に続く道沿いにある公衆トイレ。
スワッチ・バーラトの文字がある（インド北東部マニプール州）

レにカネを払う余裕はなく、少し歩いた先の排水溝近くで済ませることが多いという。

「去年、母親が病気になって借金を背負いました。ストレスばかりの日々です」

シャミはそう話しながらため息をつき、部屋の片隅に目をやった。そこには、シャミが飼っているウサギが箱から顔を出し、こちらをみつめていた。疲れ切った心を癒《い》やしてくれる存在なのだろう、シャミは嬉《うれ》しそうに視線を返していた。

世界銀行が二〇一四年に発表したデータでは、インドでは都市部の人口の約二四％がスラムに住んでおり、その数は一億人にのぼると見積もられている。また、インドメディアの報道によると、二〇一一年の国勢調査でスラムに住む世帯の三分の一が「周辺にトイレがない」と回答していた。公衆トイレがあっても不衛生な状態で放置され、感染症リスクが高い状態になっているケースも多いという。ムンバイのスラムにある公衆トイレのうち、約八割で水が十分に供給されていないという指摘もある。ダラビ地区で私が訪れた公衆トイレは、いかにも「五つ星」スラムならではの整備された施設だったのだ。

ムンバイは世界で最も地価の高い都市の一つだ。収入が少なかったり、定職に就いていなかったりする人たちは、シャミのように仕事場で寝泊まりするか、粗末な小屋や路上での生活を余儀なくされる。ダラビ地区など、政府が「公認」しているスラムには公的な支援が届きやすいが、そうではない「非公認」のスラムは放置されたままとなる。もちろん、公衆トイレが設置されるはずもない。貧しい者たちが集まるスラムの中にも、歴然とした格差が存在していた。

ダラビ地区から少し歩いた先、鉄道駅のすぐ脇には「ドービーガード」と呼ばれる場所がある。「世界最大規模の洗濯場」と呼ばれ、出稼ぎを中心に五〇〇〇人ほどの労働者が洗濯やアイロンがけ、乾燥といった仕事に従事し、多くはその場に暮らしている。近くの陸橋からドービーガードを見ると、屋根の上に洗ったばかりのシャツやジーンズが一面に干されており、なかなか壮観だ。だが、それだけが風景の全てではない。ドービーガードの先には「経済成長」を誇示するかのように、いくつもの高層ビルがそびえる。その二つが同居する「格差の風景」こそが、ムンバイ、そしてインドの現実でもある。

世界銀行による二〇一五年の調査では、インドでは人口の約一三％が一日一・九ドル（約二〇五円）未満の極貧状態での生活を強いられている。また、国際NGO「オックスファム」によると、インドにいる九人の大富豪が保有している財産は、下位半数人口の合計資産に相当する。上位一％の富裕層が資産を一日当たり二二〇億ルピー（三五二億円）増やしているのに対し、下位一〇％の貧困層は借金を抱え続けているという。

「オックスファム」インド事務所代表のアミタブ・ベハールは「福祉や教育の予算を増やし、貧富の固定化を緩めることが必須です」と話してから、こう警告した。

「格差の拡大は社会を不安定にし、民主主義社会の崩壊につながりかねません」

第四章　トイレとカースト

——清掃を担う人たち

赤い目の清掃人

ニューデリー郊外のロヒニ地区。低所得者層向けの集合住宅が建ち並び、舗装されていない道路を、いっぱいの荷物を積んだリヤカーや自転車が行き来し、土埃《つちぼこり》とともにトラックが通り過ぎていく。住宅街の一角にある雑貨屋の前で、ディラワル・シン（四六）と会ったのは二〇一八年一一月のことだった。雑貨屋でペットボトルの水を買い、木のベンチに腰掛けて待っていると、サンダルを履いたシンがやって来た。握手をしながらあいさつをするが、しきりに左目を気にしている。何度もまばたきをしている左目は赤く充血していた。

「二週間ほど前から左目の痛みがあったのですが、三日ほど前からひどくなって、ずっと目がこんな感じになっているのです。作業をしている時に、なにかバイ菌が入ったのかもしれません」

シンはそう話しながら、決して清潔とは言えそうにないタオルを何度も左目に当てていた。そして、雑貨屋の横にある小さな物置小屋に向かい、中から長さが二メートル以上ある竹の棒を取り出した。先端にはボール状に丸められた布が巻き付けてある。「これが仕事道具です。スコップやロープを使うこともありますが、機械は使いません」。やはり左

マンホールを開ける清掃人のシン

目が気になるのか、時折顔をしかめて目をつぶりながら説明をする。シンは、地区の下水管の詰まりなどを直す清掃人だ。

悪臭の中で

道具を用意していると、仕事仲間という男性が現れ、二人で近くの住宅地に向かった。目当ての場所には、道路にマンホールの蓋《ふた》が埋め込まれている。持ってきたスコップやツルハシでマンホールの周辺を掘り返し、蓋の取っ手にロープをかけて二人がかりで引っ張った。重そうな蓋がゆっくりと開くと、中からはこもった空気とともに強烈な悪臭が立ち上り、鼻をつんざいた。

「近くの建物から出た排水が、この下にあるパイプを通って下水管に流れていくのです。メインのパイプではないですから、流れる量も少ないですし、臭いもそうきつくはありませんよ」

私が思わずタオル地のハンカチを鼻に当て、表情をゆがめていると、シンは仲間と笑いながら話しかけてきた。中をのぞくと、灰色に濁った水が二メートルほど下をゴボゴボと不気味な音を立てて、ゆっくりと流れている。どこかの家庭が排水溝にまとまった水を流したのだろうか、時折水流が急に勢いづき、水しぶきが飛んできそうになって思わず身を引いてしまった。

「この水は、キッチンやシャワー、そしてトイレで使われたものが流れてきています。下水管へつながるパイプは細いので、ビニールなどのプラスチックや生ゴミがよく詰まります。そうすると私に連絡が入るのです」

「では、いまマンホールの下にあるパイプが詰まっているのですね。どうやって作業するのですか」

そう尋ねると、仲間の男性がロープを取り出し、道路に移動させたマンホールの蓋の取っ手に結びつけた。シンは、もう片方の先端をズボンのベルトループに通して結び目をつくり、サンダルを脱いでマンホールに両足を入れ足場を探り、慎重に中へ入っていく。胸のあたりまで入ったところで仲間から竹の棒を手渡してもらい、先端部分を流れの先に押し込んでいた。その間、仲間の男性は、もしシンが足を滑らせても下まで落ちないように、固定している蓋の上にしゃがみながらロープを握っている。シンが棒を中に押し込む度に、ゴボッゴボッという音とともに悪臭がただよってきた。

首まで汚水につかることもある

一〇分ほどしてシンは作業を終えて、体をマンホールから地上に戻した。再びマンホールの中をのぞき込むと、灰色の水はスムーズに流れ、ゴボゴボという音も聞こえない。詰まった部分に管を通して押し通す、という何ともシンプルなやり方だが、道具もシンプルなだけにこれ以外の方法は思いつかない。先端の布には野菜の切れ端やトイレットペーパーらしき白い紙など、さまざまなゴミが付着し、灰色の水をしたたらせている。シンは、作業中にしぶきを足や腕に浴びていたが、持参したペットボトルに入れた水で手を洗い、足や腕に軽くかけた程度で、仲間とともにマンホールの蓋を閉じて周囲を埋める作業にとりかかった。

「いまは乾季なので、下水を流れる水の量が多くないから、作業がまだ楽なのです。雨季になれば、家庭からの排水だけではなくて、周囲の排水溝からも水が大量に流れ込みます。そうなると、すぐに細いパイプが詰まってしまう。下水管そのものが詰まってしまうこともあります。そうしたときは、マンホールの蓋を開けると水でいっぱいになっていて、首まで汚水につかって作業をすることもあります」

スコップで掘り返した土を再び戻しながら、シンは淡々と答えた。だが、排水を扱ったあとの手でタオルをつかみ、痛む左目に押し当てている姿を見ると、余計に悪化するのではないかと心配になってしまう。手を洗ったとはいっても、もちろん石けんは使っていない。

「手袋やマスク、ゴーグルなどはしないのですか？　裸足《はだし》で作業をするのも、転落やケガをして傷口からバイ菌が入る危険性があると思うのですが」

竹の棒を手に、次の現場へ向かおうとするシンにそう言葉を投げかけても、私を見て不器用そうな笑みを浮かべるだけで、何も答えようとしない。なぜだろうと思いながら五分ほど歩くと、道路の脇を流れる排水溝に着いた。

シンは排水溝にまたがり、地下をめぐっているパイプの出口に竹の棒を突っ込み、流れを悪くしているゴミをかき出している。トイレなどから流れてきた排水は、やはり灰色に濁っており、近づくとひどい臭いがした。先ほどの衝撃ですこし鼻が慣れたのか、ハンカチを当てることはしなかったが、シンがかき出したゴミを素手で集め始めたのには驚いた。ゴミといっても、それは汚物そのもので、人間の排せつ物も混ざっている。私が驚いているのに気付いたのか、シンは「この方が早いから」と話し、黙々と作業を続けていた。手袋などをしないことの理由を尋ねた私に、素手で汚物をかき出している作業を見せることで、一つの答えを示そうとしたのだろう。

乾季はパイプの詰まりも比較的少なく、一日当たりの作業は五、六件程度だが、マンホールの中に入るといった危険なことをしていることには変わらない。一日の稼ぎは二〇〇ルピー（三二〇円）ほどで、手袋やマスクなどを使おうとすれば、そのわずかな賃金を使って買わなくてはならない。雨季になれば仕事量も増え、稼ぎは五〇〇ルピー（八〇〇円）ほどになることがあるものの、それだけ危険も増すことになる。

近くの低所得者向けアパートにある二間の部屋で、妻や義母、三人の子どもと六人で暮らしているシンは言う。

「病気やケガが怖いけれど、休めばカネになりません。この仕事をしていくしかないのです」

目の痛みが気になるが、無料の公立病院は診察を待つ人が長い列をつくっており、通えば仕事にあぶれてしまう。もちろん、私立病院に行くのは懐事情が許さない。

「体調を崩す仲間は多いです。でも、とても悪化しない限り、休む人はいません。何の補償もないですから」

シンは、仲間とともにまた不器用そうな笑みを見せた。

ある清掃労働者の死

こうした下水道などの清掃にあたる労働者は、インド全体で少なくとも三〇万人いるとされている。行政機関や住民からの依頼を受けて、下水管などの清掃作業を行う。多くの人たちがシンのように手袋などをせずに作業を行っており、死亡事故も頻発している。その一つを報じたジャーナリストのツイッターが話題になったのは、二〇一八年九月のことだった。

インドの大手紙、ヒンドゥスタン・タイムズ記者のシブ・サニーは同月一七日、自身のツイッターに火葬場で白い布に包まれた父親の傍らに立ち、涙を拭《ふ》きながら遺体の顔をなでる少年の写真を掲載した。サニーは、写真とともにこう記している。

「少年は火葬場で父親の体に近づき、布を顔から外して、両手で頬を触りながら『パパ』と言ってすすり泣き始めました。その男性は、金曜日（筆者注：九月一四日のこと）にニューデリーの下水道で死亡した貧しい労働者です。家族は彼を火葬するお金すら持っていませんでした」

三七歳の男性は、ニューデリー市内で下水道の清掃作業を行っていた際に、腰に結びつけていた命綱が外れ、七メートル下に落下して死亡したのだった。少年は一一歳で、事故の一週間前には、生後四カ月の弟が肺炎にかかって亡くなっていたという。男性は、幼い息子を亡くしてから日も浅い時に危険な仕事に従事し、命を落としたことになる。犯罪や事件などを専門分野とする、いわゆる「事件記者」のサニーは、男性の死亡事故を知って取材に出向いた。火葬場で目にしたのは、近所の人たちから費用を援助してもらい、遺体を茶毘《だび》に付す寸前の姿で、思わずカメラのシャッターを切ったのだった。

「私は事件記者として多くの悲劇を見てきました。しかし、これは私が見たことのないものでした」

「下水道の清掃労働者たちに関心を向けてもらいたかったのです。（ツイッターに掲載した）写真は、家族の窮状を物語っています」

サニーは、メディアからの取材にこう答え、涙を流す少年を目の前にしたときに「動揺した」と語っている。

痛々しい少年の姿は、すぐに大きな反響を呼んだ。サニーのツイッターはたちまち三万件以上リツイートされ、少年と家族を支えるための募金が呼びかけられると、一日で三〇〇万ルピー（四八〇万円）以上の募金が集まった。ボリウッド俳優といったセレブたちからも寄付の申し出があったが、男性と同じような貧しい人たちからも一〇ルピー（一六円）ほどの寄付をする動きもあったという。

地元警察の調べでは、男性が転落したのは命綱の強度が不十分なことが原因だった。さらに、ヘルメットや防護服などを身につけていなかったことも判明している。最大野党である国民会議派党首のラフル・ガンディーは、ツイッターで「スワッチ・バーラトは、トイレや下水管を掘り返すことを余儀なくされている労働者たちの窮状に目をつぶる、空虚なスローガンだ」と記し、モディがトイレ設置を進める一方で、こうした下水道労働者たちの環境改善がないがしろにされていると批判した。

「ダリット」という存在

こうした下水道などの清掃に関わる労働者の多くは、カースト制度の最下層で不可触民とされた「ダリット」と呼ばれる人たちだ。人間の排せつ物も、それを処理する人も「汚いもの」として忌み嫌われ、ほかの職に就く道は実質的に閉ざされている。

「二〇一八年には少なくとも九三人が事故死しており、以前に比べて増加しています。事故に遭わないとしても、不衛生な環境で働く清掃労働者は感染症にかかりやすく、全体の七割ほどが何らかの病気になっており、平均寿命も短いのです。事故が起きれば政府は対策に乗り出す構えを見せますが、実際はほとんど何もしていません。補償金も支払われず、

下水管の清掃作業で死亡した人の資料を見せるウイルソン

使い捨ても同然なのです」

ダリットと清掃労働者への差別撤廃を求めて活動している団体「ＳＫＡ」の議長を務めるベズワダ・ウイルソン（五四）は、ニューデリーの本部で怒りをにじませた。ＳＫＡが独自に収集した資料によると、一九九三年から二〇一八年までの間で、少なくとも一〇六三人が下水管などでの作業中に転落や有毒ガスを吸い込むなどして死亡している。一九九三年はＳＫＡが設立された年で、それ以前のデータは見当たらないという。

「清掃労働者が事故死しようと、それを統計として扱ってこなかったのは、それだけ軽視していたということです。今も正式な統計はなく、実際はもっと多くの人が犠牲になっていると思います。我々は差別され続けているのです」

さらに語気を強めるウイルソンだが、自らもダリットとして生まれ、両親はトイレや下水管の清掃労働者として働く環境で育った。

ウイルソンの出身地である南部カルナタカ州の地区では、住民の大半がトイレ清掃や排せつ物の処理労働に従事していた。故郷の若者たちは、清掃労働者になる以外に仕事を得ることはほとんどできず、自身も高校卒業後、職業紹介所から示されたのは清掃業だった。

だが、ウイルソンは「ダリットとして生まれたのは運命ではなく、自らこの環境を変えていく必要がある」と考え、家族ではほかに誰もいなかったという大学進学を果たした。勉学と同時に、清掃労働者が劣悪な環境で働いていることに強い疑問を抱くようになり、二〇歳の時に地区の有力者に対し、こうした労働を強いることへの不当性を訴える行動に出た。「無視するならば首相に訴え、司法の場でも争う」と主張を展開し、有力者に環境改善をさせることに成功したという。

こうした経験をもとに、ウイルソンはダリットと清掃労働者の権利拡大を求める運動を組織化することを決意し、SKAを結成してからは全国に支部を拡大させ、インド全土に七〇〇〇人以上のメンバーを擁する団体に育て上げた。こうした取り組みが評価され、ウイルソンは二〇一六年、社会貢献などで傑出した活動をした人を表彰し、「アジアのノーベル賞」といわれるマグサイサイ賞を受賞している。

「乾式トイレ」清掃の過酷さはブラック企業を超える

ウイルソンによると、清掃労働の現場は大きく三つに分類される。一つは水を使わない「乾式トイレ」、もう一つが下水管で、さらにトイレから排出される汚物をためるタンクだ。

こうした清掃労働に関わる人たちの約九五％が、ダリットとされた人たちだという。
この三つのうちで、最も強烈なインパクトを与えるのが、乾式トイレの清掃労働者だろう。この作業に従事する労働者は女性がほとんどで、乾式トイレを設置している家を回り、たまった排せつ物をかき集め、ゴミ捨て場に運んでいくのが仕事だ。

ＳＫＡの事務所で、ウッタルプラデシュ州で撮影されたという、乾式トイレを清掃する労働者のビデオを見た。サリーに身を包んだサンダル履きの女性が、かごと小さなほうきを持って住宅地を歩いて行く。レンガ造りの家が建ち並ぶ細い路地を通り、家の門を開けて敷地の中に入っていくと、庭先などに設置されているトイレを目指した。トイレには汚物をためるタンクや排水溝につながるパイプなどがなく、まして流すための水も用意されていない。排せつ物はトイレの下にそのまま放置されており、女性は素手やほうきを使ってそれらをかき集め、かごに移していく。かごには灰が入っており、排せつ物にかけて回収しやすくしているが、黙々と作業する女性は手袋やマスクをしていない。回収を終えるとかごを頭の上に載せ、通りを歩いてゴミ捨て場に向かう。こうした作業を、一日で二〇～三〇軒のトイレで行っているという。

女性がもらえる賃金は、一軒につき月で五〇ルピー（八〇円）にも満たないという。現金ではなく、食べ物をもらうことで報酬としているところもある。それぞれの家とは個人的に契約をしており、親の代から同じ家でトイレ清掃にあたっている女性も少なくない。先にも述べたように、こうした仕事はダリットたちが担うべきものとされ、強制的に「世襲」として引き継がれてきたからだ。

もちろん、映像から臭いが伝わってくるわけではない。しかし、女性がひたすら排せつ物をかき集め、かごに移して運んでいく姿を見ていると、臭いが鼻をつんざくような錯覚にとらわれ、画像を正視することができなくなってしまった。インドでは五月にもなれば、場所によっては摂氏五〇度ほどの熱波に見舞われることもある。そうではなくとも、四〇度台の気温になるのはざらだ。むせかえるような暑さと臭いの中で行う作業は、どれほどの苦痛を伴うものなのだろうか。

日本には労働環境の劣悪な「ブラック企業」が数多《あまた》あり、社会問題にもなっているが、比較にならないほどの過酷な仕事だ。その姿を想像するだけで、気分が悪くなってくる。

私のそうした姿を見てか、ウイルソンが「どれほど困難な仕事であるかわかるでしょう。ほとんど奴隷と同じなんですよ」と語りかけてきた。

「乾式トイレの清掃作業は完全に非人道的なもので、人間としての尊厳と自尊心を失わせます。では、なぜ女性たちはそうした場所で働かなければならないのでしょうか。理由はカネを稼ぐためです。ほかに労働の機会を与えられていないのです」

画面を見つめながら、その目は一段と厳しさを増していた。映像は二〇一六年ごろに撮影されたものだという。「インド政府はスワッチ・バーラトを重要政策と掲げて、農村部などでのトイレの設置を進めています。汚物を地下に埋めたタンクに流すタイプのものが多いので、こうした乾式トイレは少なくなってきているのではないですか」と尋ねると、ウイルソンは厳しい目つきを変えないままで答えた。

「おそらく、インド全体で一六万人の女性たちが、いまだにこうした作業に従事しています。スワッチ・バーラトは、アイデアとしてはいいかもしれませんが、現状ではトイレをつくるだけの政治目標となっていて、こうした清掃労働者の環境を改善することにはつながっていないのです。人々の長年の習慣や考えを変えるのは簡単なことではありません」

モディが、トイレの普及が進んでインドから野外排せつがなくなったと宣言したことも、ウイルソンは「実態と異なり、まったくのデタラメ」と切り捨てる。

「トイレを設置しても、それを維持するためにはケアが必要になります。社会的なサービスをする側と受ける側という二つの立場が、必ず存在するのです。スワッチ・バーラトでは、新しくトイレを設置するためのビジネスと数には光が当たりますが、清掃労働者はアンタッチャブルな存在のままであり続けています」

批判は「スワッチ・バーラト」という名称にも及んだ。

「『スワッチ』という単語は、クリーン（きれい）という意味のほかに、ピュア（純粋）という意味も含んでいます。クリーンでありピュアなインドをつくるというスローガンは、清掃労働者の環境を変えることにつながらないのなら、不浄な存在として私たちに目を向けないと言っているようにも聞こえるのです」

その言葉からは、インドが急速な経済発展を遂げる国として世界から注目を浴びている中で、そのインド社会から変わらぬ差別を受け続けてきたという、怨念《おんねん》とも言えるような思いが伝わってきた。

名ばかりの「ザル法」

実は、インドでは手作業で排せつ物などを処理することは法律で禁止されている。一九九三年に「マニュアル・スカベンジャー（手作業で排せつ物処理をする人）の雇用と乾式トイレの設置禁止法」（「一九九三年法」と称されている）が施行された。一九九三年法では、マニュアル・スカベンジャーを雇ったり、乾式トイレを設置したりした場合には、最高で一年の懲役と二〇〇〇ルピー（三二〇〇円）の罰金が科せられることになっている。二〇一三年には、一九九三年法を強化する形で「マニュアル・スカベンジャーの雇用禁止と社会復帰法」（以下「強化法」）が制定され、乾式トイレだけではなく、下水管や汚物処理タンクなどにも手作業による清掃作業の禁止対象が広がっている。

だが、多くの清掃労働者たちが素手での作業を続け、SKAの調べでは、二〇一八年だけでも一〇〇人近い人が下水管の清掃作業で命を落としている。この事実からも明らかなように、一九九三年法や強化法が施行されても、実際には効果を発揮していない。名ばかりの「ザル法」なのが実態だ。その大きな原因として挙げられるのが、インドの法制度だ。

州と連邦直轄地から構成されるインドには、法律には連邦法と州法の二種類がある。一九九三年法と強化法は連邦法に位置づけられ、各州や連邦直轄地の議会が批准しなければ実際の効力は持たないことが憲法によって定められている。一九九三年法が制定されても、州によっては「乾式トイレはすでに廃止されていて、存在しない」と主張し、法律を批准するのに消極的な姿勢をとったため、全国的な広がりを見せなかった。

また、強化法が施行されて、違反すれば罰則となる対象が広がったにもかかわらず、実際に処罰されたケースは一件も報告されていない。ウイルソンが「法律はあっても、まったく機能していない」と嘆くのも、当然のことだろう。下水管の清掃作業で死亡事故が発生すると、ダリットたちを中心に清掃労働者の抗議活動が起き、州政府などが何らかの対応を取ると約束をする。しかし、根本的な解決は何も図られないまま、多くの清掃労働者が「違法状態」で過酷な労働を続けている。

いったい「カースト」とは何だろうか

そもそも、なぜ清掃労働者はダリットたちが大部分を占めているのだろう。そのことを考える上で、まずインドの身分制度カーストと、その中におけるダリットという存在について整理してみたい。

カーストという言葉そのものは、日本でも広く知られている。もちろん、インドのカースト制度がそのまま日本にも存在しているわけではない。学校での力関係を示す「スクールカースト」など、集団内での序列や格差を身分制度になぞらえる形で用いられている。

だが、カーストとは生まれたときから与えられているとされる世襲のものとして、上下関係を明確に示し、階層ごとに職業と結びついている身分制度で、インド社会に深く根差している考えだ。その起源は、約三〇〇〇年前までさかのぼる。

中央アジアに「アーリヤ」と呼ばれる遊牧民がいたが、紀元前一五〇〇年ごろに一部が南下し、現在のパンジャブ州周辺に住み着いて、先住民を支配下に置いた。アーリヤ人は部族単位で村落に住み、農耕と牧畜を行いながら、文化を発展させていった。紀元前一二〇〇年～一〇〇〇年ごろに記されたとされる、アーリヤ人の神々への賛歌を集めた「リグ・ヴェーダ」には、こうした記述がある。

「プルシャという原初の巨人が解体し、自然、生き物、人間が生じたという。その際、プルシャの口からブラーフマン（バラモン）、腕からクシャトリヤ、腿《もも》からヴァイシャ、足からシュードラが生じたとされる。（中略）上位三階級とシュードラとの間には明瞭《めいりょう》に一線が画されており、前者は再生族《ドヴィジャ》と総称される。入門式を経て生まれ変わるとされたからである。第四身分であるシュードラが入門式に臨むことは許されず、アーリヤ人としての待遇をうけることは事実上なかった」

（広瀬崇子、近藤正規、井上恭子、南埜猛編著『現代インドを知るための60章』明石書店、二〇〇七年）

ブラーフマンは司祭階級を指す「バラモン」で最高位に属し、クシャトリヤは軍人階級、ヴァイシャは商人階級とされ、アーリヤ人として認められなかった「第四身分」のシュードラは奴隷階級に位置づけられている。こうした身分を区別する考え方には、「ヴァルナ」と呼ばれる概念が含まれている。「ヴァルナ」は「色」を意味していることから、カーストの起源は白い肌のアーリヤ人が、自分たちよりも肌の色の黒い先住民と区別するためだったとも言われている。

ちなみに「カースト」という言葉はインドにはなく、ポルトガル語で「血統」を意味する「CASTA（カスタ）」に由来している。ポルトガル人が一六世紀以降にインドへ来るようになり、そこで目にした社会習慣に対して名付けたとされている。

「ヴァルナ」と並んで、もう一つカーストの概念として重要なのが「ジャーティ」で、「生まれ」や「家柄」を意味している。職業の世襲や共通の習慣を持ち、そのコミュニティーの中で結婚もする。ほかのコミュニティーとは明らかに区別され、コミュニティー間では身分の序列関係がある。一般的にカーストと言えば、このジャーティの考え方に基づいているのだ。

こうしたカーストの外側にあり、最下層に位置づけられているのが「不可触民」で、ダリットとは呼称の一つだ。「アンタッチャブル」や「ハリジャン（神の子）」「アウトカースト」などさまざまな呼ばれ方があるが、ダリットは抑圧されていることに抗議する意味合いを込めて、不可触民とされた人たちが自ら使うことも多い。約一三億の人口を抱えるインドで、約一六％がダリットとして区分されている。

インドはカーストを否定していない

日本では憲法一四条に「すべて国民は、法の下に平等であって、人種、信条、性別、社会的身分又は門地により、政治的、経済的又は社会的関係において、差別されない」と記され、平等原則が定められている。だが、インドではカーストに起因するさまざまな差別は禁じながらも、カーストそのものの存在は否定していない。公民としての平等な権利を保障するとしたインドの憲法一五条には、こう記されている。

一．国は、宗教、人種、カースト、性別、出生地またはそれらのいずれかのみを理由として公民に対する差別を行ってはならない。

二．公民は、宗教、人種、カースト、性別、出生地またはそれらのいずれかのみを理由として、次に掲げる事項に関して無資格とされ、負担を課され、制限を付され、または条件を課されることはない。

a　店舗、公衆食堂、旅館、および公衆娯楽場への立ち入り

b　全部または一部が国家基金により維持され、または一般の用に供されている井戸、用水地、浴場、通路、または娯楽地の使用

また、一七条では「『不可触民制』は廃止され、いかなる形式におけるその慣行も禁止される。『不可触民制』より生ずる無資格を強制することは処罰される犯罪である」として、相手をダリットとして規定し、差別することを明確に禁じている。

だが、カーストによる差別を否定しながらも、その原因となっているカーストそのものを認めている以上、インドの憲法が謳《うた》っている「公民の平等」を達成するのが容易なことではないことは、明らかだ。

ダリットが大部分を占めているトイレや下水道労働者の過酷な環境も、差別が生み出したものにほかならない。上位カーストの人たちが、ダリットに暴行を加え、死に至らしめてしまう事件は数多く起きている。さらに、憲法上では禁止されているにもかかわらず、ダリットと食事を共にせず、学校や宗教施設への立ち入りを禁止し、住むところや服装を制限するといったことは、インドの各地で起きており、それらは「伝統的な暴力」と呼ばれる。

インドでＩＴ産業が発達したのは、新しい産業だけに人材登用が実力主義でカーストにとらわれず、ダリットでも優秀であれば成功できるチャンスが平等に与えられていたからだ、ともされている。低カーストに対する差別意識は、都市部や若者層を中心に緩和されつつあるのも事実だが、決して完全になくなったわけではない。インド人同士が結婚する際、それぞれのカーストが重視され、そこに差があれば両家を巻き込んだ大騒動になることもしょっちゅうだ。

インド人に「カーストによる差別は今でも多いのか」と尋ねると、たいていは「過去に比べると、それほど大きな問題にはなっていない」「差別はいけないことだ」といった

「模範回答」が返ってくる。だが、ほとんどのインド人は、内心で自分と相手のカーストを意識しており、「この人は上」「あの人は下」という心理が消えることはない。もちろん、相手に「あなたのカーストは何ですか？」と直接尋ねるのは、とても失礼な行為とされ、下手をするとトラブルになりかねない。相手が会話の中で自身の出自を明かすこともあるが、名前や出身地、職業などの周辺情報からカーストを推察し、それをもとに距離感をはかるというのが通常だ。

都市部で働くビジネスパーソンでもそうした感覚なのだから、農村部に行けば、まだまだ差別意識は根強く、かつ露骨に表れることは想像に難くない。

「浄」「不浄」とダリット

こうしたカーストの中で、なぜ清掃労働者の大部分をダリットたちが占めているのだろうか。その起源をめぐってはさまざまな説があり、はっきりしたことはわかっていない。古代の賤民階層「チャンダーラ」（センダラとも言われる）や、アーリヤ人によって征服された先住の部族民に、清掃カーストの起源があるともされる。また、近代に入ってインドでの英国統治が進み、都市が発展する中で乾式トイレが次々と設置され、排せつ物を処理する必要があることから清掃カーストがつくられた、という指摘もある。

ダリットという考え方は、古代インドで「賤民」とされたチャンダーラに由来している。アーリヤ人が先住民を征服していく過程で、その一部を賤民として扱い、チャンダーラと呼ぶようになったという。やがて、チャンダーラは最下層に属する人たち全体を指す言葉として使われるようになった。

チャンダーラはカーストの外に置かれ、清掃や土木作業のほか、死刑執行、人間や動物の死体処理といった、上位カーストが忌み嫌う仕事に従事させられた。チャンダーラに触れると穢《けが》れが生ずるとされ、チャンダーラがアーリヤ人の居住地域に住むことは許されず、町に入るときは木を叩《たた》いて自分たちが近づくことを人々に示さなければならなかったという。

上位カーストの人たちが、清掃や死体処理を忌み嫌って最下層の清掃カーストに押しつけたのは、そうした作業が不浄なものであるととらえられていたからだ。ヒンズー教には「浄」と「不浄」を分ける考え方があり、死に関するものは非常に不浄で、不吉なものとされてきた。ここでの「死」という概念には、人間や動物が生命活動を終えるということだけではなく、排せつ物や血液、廃棄物なども含まれている。そのため、清掃は「死」に関連する不浄な作業とされ、蔑《さげす》まれてきたのだった。とりわけ、乾式トイレで排せつ物を処理する人たちは最も激しい蔑視《べっし》の対象となり、十分な道具も与えられなかったことから、素手で作業をするようになったと考えられる。

この「浄」と「不浄」の考えは、ダリットとされた人たちとトイレの関係を考える上で非常に重要なポイントとなる。バラモンを頂点とした上位カーストは「浄」の役割で、最下層の清掃カーストが不浄を取り除く役目を果たす。こうした意識がインドに深く定着している中で、ダリットの悲劇も繰り返されている。

二人の子どもはなぜ殺されたのか

中部マディヤプラデシュ州にあるシブプリ地区のバブケディ村で、そこに住むロシュニ（一二）とアヴィナシュ（一一）が殺害される事件が起きたのは、二〇一九年九月二五日午前六時ごろのことだった。ロシュニとアヴィナシュはいとこ同士で、近くにある祖父の家へ行く途中だったという。翌日付の有力紙ザ・ヒンドゥは、一面でこの事件を伝えている。

《マディヤプラデシュ州の村で、二人のダリットの少年が撲殺される》

マディヤプラデシュの村で水曜日（筆者注：九月二五日）朝、屋外で用を足そうとしていたダリットの子ども二人を撲殺したとして、シブプリ地区の警察が二人を逮捕した。

シブプリ地区の警察幹部は「午前六時ごろ、一一歳と一二歳の子どもがバブケディ村を歩いていたところ、ハキム・シン・ヤダヴとラメシュワール・ヤダヴの兄弟が棒で彼らの頭を殴り、殺害した」と話した。捜査担当者は、事件の状況を確認している。「祖父の家に行く途中、彼らは野外で用を足した。それが命取りになる殴打をもたらした」

警察から出た情報に間違いがあったのか、見出しでは殺害された二人を「少年」と記しているが、ロシュニは女の子で、アヴィナシュが男の子だ。二人はカースト制度で最下層とされているダリットとして生まれていた。ロシュニはこの四年前に母親を亡くし、アヴィナシュの家族とともに生活していたが、その家は土の壁にビニールや木の皮でつくった屋根を載せた、今にも崩れてしまいそうなほどの粗末なつくりだった。

アヴィナシュの父親は農場での季節労働のほか、下水管や排水溝の清掃作業で日々の糊《こ》口《こう》を凌《しの》いでいた。自宅にトイレをつくるような余裕はなく、なぜか設置するための補助金を受ける対象からは外されていた。野外で用を足していた二人が殺されたのは、皮肉にもモディがスワッチ・バーラトを評価され、ニューヨークで「ビル・アンド・メリンダ・ゲイツ財団」から表彰を受けているのと同じ日のことだった。

ロシュニとアヴィナシュは、ダリットとして村の中で日常的に差別を受けてきた。ロシュニは医者になることを夢見て、一生懸命に勉強していた。だが、通っていた学校で先生から差別的な扱いを受け、次第に登校しなくなっていったという。インドメディアでは、その差別的な扱いについて「カーストに起因する嫌がらせ」などと記していた。いったい、それはどんな嫌がらせだったのだろうか。事情に詳しい地元ジャーナリストによると、学校では二人のようなダリットの子どもたちに対し、先生が授業での質問を受け付けないなど無視をし続け、ほかの子どもたちと一緒に水道を使うことも許さなかったという。

二人が通っていた学校の壁には「野外で用を足した場合には、インドの刑法によって罰せられる」との警告文が書かれていた。そうした警告文は、学校だけではなく村の公共施設にも記されていた。バブケディ村は、二〇一八年に「野外排せつゼロ」を宣言している。野外で用を足すことは、さながら「村への敵対行為」と見なされていた。だが、自宅にトイレのない二人にとっては、ほかに選択肢はなかった。

アヴィナシュの父親は、二人が用を足していたところを実行犯の二人が携帯電話で撮影しており、ロシュニがそれに気付いて抗議したところ、激昂《げきこう》して暴行に及んだと主張している。二人は顔や頭に深い傷があり、ほぼ即死状態だったという。警察当局は、取材に対して「カースト（による差別）が背景にある可能性も含めて捜査をしている」と答えるにとどまっているが、前出の地元ジャーナリストは「低カーストへの憎悪が事件を起こした」と言い切る。

「逮捕された二人は高カーストの家庭で、父親は農場などを所有している村の有力者です。殺されたアヴィナシュの父親は農場で働き、トイレの掃除もしていたのですが、二年ほど前に一日五〇ルピー（八〇円）の報酬を一〇〇ルピー（一六〇円）に上げてほしいと要求したところ拒否され、トラブルに発展したことがありました」

逮捕された二人の父親は、時にライフルを取り出して「子どもを殺す」とアヴィナシュの父親にすごんだこともあったという。待遇改善を要求したのをきっかけに、高カーストから低カーストへ憎悪の念が向けられていた。二人が野外で用を足していたことが、そうした憎悪を爆発させるきっかけになったと考えられる。

だが、なぜアヴィナシュの家はトイレをつくるための補助金を受ける対象になっていなかったのだろうか。トイレを設置していれば、少なくとも二人は殺されずにすんだはずだ。

「それは、ロシュニやアヴィナシュの家庭がダリットであるからです」

地元ジャーナリストは、私の疑問にそう電話口で即答した。

「補助金が受けられなかった理由について、はっきりしたことはわかりません。ですが、あの村が（逮捕された二人の）一家に支配されており、彼らがダリットたちを不浄なものとして嫌悪していたことは間違いありません。不浄な存在にトイレなど必要ないと思っていたのでしょう」

地元ジャーナリストの取材に、学校の先生や村人たちは口を閉ざし続けた。話をしてくれた村人も「事件は村に恥をもたらした」「政府からはトイレや電気をもらえて、とても感謝している」と述べるだけで、殺された二人について言及する人はいなかった。アヴィナシュの父親は、逮捕された二人の一族からの復讐《ふくしゅう》を恐れながら、今も村に暮らし続けているという。

ロシュニとアヴィナシュの死からも浮かび上がるように、ダリットへの差別は、現在もインド社会で根強く続いている。その根底にあるのは、先にも述べたヒンズー教の「不浄」と「浄」の概念によるところが大きい。トイレや排せつ物は「不浄なもの」であり、それを扱うダリットたちもまた「不浄な存在」であるから、「浄」の世界に立ち入るべきではない、という考えだ。これが、トイレの普及や清掃労働者の環境改善に大きな壁として立ちはだかっているのは間違いない。

「トランプ村」を訪れる

ニューデリーから車で二時間ほど南下した、ハリヤナ州マロラ村。人口が一〇〇〇人に満たず、電気の供給も十分ではない小さな農村がニュースで話題となったのは二〇一七年六月のことだった。モディが就任後に初めて訪米し、トランプ大統領と会談するのに合わせて、村の名前を「トランプ村」に改名したからだ。村内には、あちこちにヒンディー語と英語で「トランプ村へようこそ」との文字と、笑みを浮かべているトランプの写真の入った看板が掲げられ、改名を祝う式典まで開催された。

だが、改名はインド政府の許可を受けたものではなく、行政上の手続きが取られたわけでもなかった。インドでトイレの普及を行っているNGOが、マロラ村を「モデル地区」の一つに選び、自分たちの活動を広くアピールするために考えついた「奇策」だったのだ。

インド国内だけではなく、海外のメディアも「トランプ村」の出現を報じ、ジャーナリストたちが取材に訪れると、NGOのメンバーが村人の家を案内し、無償で建設した真新しいトイレを見せる。村人たちは、口々に「トイレができて生活が便利になった」「つくってくれて本当に感謝している」といった言葉を述べ、NGOは村人たちにトイレの使い方や大切さを知ってもらう「出張講義」を定期的に行うと胸を張っていた。

話題になってから約一年後、トランプ村を訪れた。村内に飾られていた歓迎の看板はどこにも見当たらず、そこが「トランプ村」とされた形跡は残っていない。改名をしてメディアをにぎわせた直後、インド政府から一連の行為は違法であると指摘され、すぐに看板などを取り外したという。村は、すでに「トランプ村」ではなく「マロラ村」に戻っていた。それでも、屋根をピンク、壁は水色に塗られたトイレが、あちこちに建っている。いずれもNGOが建設したトイレで、集落全体では一〇〇個ほどにのぼるという。それぞれの家の庭にトイレが設置されているという印象だった。

村内を歩きながら、トイレの建てられている集落にはイスラム教徒が多いと教えられた。村人に話を聞くと、少し離れた集落はヒンズー教徒が大半で、そこにはトイレがあまり設置されていないとのことだった。車で五分ほど走ると、その集落に行き着いた。周囲には田んぼや畑が広がり、少し小高い場所に三〇ほどの世帯が集まっている。土壁と藁葺《わらぶ》きの家が並ぶ中を歩いたが、人影はあまりなく、トイレらしい建物もほとんど見当たらない。ようやくトイレを設置している家を見つけ、庭で洗濯物を干していた女性に声をかけた。

「トイレを建てたのは一年前のことです。それまでは、畑の先の木陰で用を足していました。それが嫌で、トイレを建ててほしいと家族に頼み込んだのです」

ジャンダー（二八）は、周囲を気にしながら、小声でそう話した。家は農業を営み、夫と義理の父母、そして二人の子どもがいる。トイレをつくってほしいという願いを夫に伝えると「必要がない」と一蹴《いっしゅう》され、義父母も反対したという。

「政府の補助金でつくるからカネはかからないと、何度も説得しました。一年はかかったと思います」

「家族がそれほどまでにトイレをつくりたくなかった理由は何でしょうか」

「それは……、トイレが汚いものだからだと思います……。夫も、義父母も、みんなそう言っていますから……。トイレを使うのは私だけです」

トイレを建てたことで、ジャンダーは周りの人たちから、奇異な目で見られるように感じることが多くなったという。

「余計なものをつくった、汚いものを集落に置いた。そう思っている人が多いのでしょう」

ジャンダーがそう話してくれた時、背後からヒゲをたくわえた色黒の男が現れた。

「何をしているんだ」

男はジャンダーの夫らしく、警戒心と敵意をむき出しにしながら、私たちをにらみつけた。

「日本の記者で、トランプ村のことを取材しています。この一年間で、何か変化したことはありますか」

笑顔をつくりながら、何とかその場を取りつくろっていると、近所の男たちも数人が集まってきた。集落には人の気配があまりしないと思っていたが、どこからか私たちの動きを見ていたのかもしれない。男はジャンダーといくつか言葉を交わし、集まった男たちと目配せをすると、「ここから出て行け」と乱暴に言い放った。

私たちの訪問に、彼らがなぜ強い拒否反応を示したか、はっきりとした理由はわからない。外国人である私を見て、集落に突如侵入してきた「異物」として本能的に追い出したくなったのかもしれない。だが、自分たちが属する世界とは違う存在に対し、一方的に「異物」として排除しようとする行動からは、集落に住むダリットたちも、彼らが「異物」として差別していることが想像できる。ジャンダーの言葉からも、集落の住民たちの多くが、トイレは「不浄なもの」で自分たちの住む「浄」の世界に持ち込むべきではない、と考えていることは明らかだった。さらに、周囲の目を気にしながらおびえるように話すジャンダーの様子からは、女性差別の考えが根強いこともうかがわせた。

「不浄」なるトイレ

では、なぜトイレは「不浄なもの」とされてきたのだろうか。もう一度、歴史を振り返りながら考えてみたい。

すでに触れたように、インドの社会に根深く定着しているカースト制度では、バラモンを最高位とした序列がつくられ、ダリットはカーストの外に置かれた最下層の存在となっている。そうした考え方の基になっているヒンズー教は、その源流であるバラモン教にさまざまな地方や民族の信仰を取り入れ、徐々に形成されていった多神教だ。体系的な崇拝や信仰というよりも習慣的な側面が強く、カースト制度をはじめ、人々の生活全般を規定する制度や習俗を含んだ、文化や生活様式を説いている。

ヒンズー教の教義の支柱として、今日までインド社会の規範の礎となっているのが、紀元前二世紀から紀元二世紀の間につくられたという「マヌ法典」だ。ヒンズー教にとっての、最も古くて権威のある「生活指導書」と言えばわかりやすいだろう。そこではバラモンの特権的な身分が強調され、序列を規定して「浄」と「不浄」の概念も明確化した。

マヌ法典では、たとえば「死」を不浄とするだけではなく、死んだ人の身分やその人との関係をもとに、不浄とされる期間や清めの儀式についても決まりが事細かく書かれている。また、特定の行為ではなく、体から出される一二のものを「本来的に不浄とされるもの」と規定している。その一二とは、脂肪や血液、ふけ、耳垢《あか》、痰《たん》、涙、目やに、汗、鼻汁、精液、そして小便と大便で、体内から出された時点で「排せつ物」のカテゴリーに入る点で共通している。

マヌ法典の中には次のような規定もある。

「チャンダーラ、月経中の女、パティタ、出産後一〇日未満の女、死体、彼らに触れた者——これらの者に触れたときは沐浴《もくよく》によって清められる」（第五章八五節）

チャンダーラとは、前述したように身分制度の最下層に位置づけられる存在で、現在のダリットと同じような立場にあった。パティタは規範を犯し、コミュニティーから追放された者を意味している。最下層の身分とされた人たちは、死体のほか、月経や出産といった血に関する「不浄なもの」と同列に並べられ、触れただけで穢れがうつると見なされていた。こうした考えは、マヌ法典の先駆としてバラモン教の社会制度などを記した「律法経」にも見ることができる。

「チャンダーラに触れたとき、彼らと言葉を交わしたとき、彼らを見たときには、穢れを受ける。そのさいには浄化儀礼をせねばならない。チャンダーラに触れたときには全身の沐浴、言葉を交わしたときにはバラモンに話しかけること、見たときには太陽、月、星などの光を見ることである」

（小谷汪之編『インドの不可触民』明石書店、一九九七年）

現代であれば、さながら小学校で特定の相手を「〇〇菌」などと呼び、触られるのを避けるような悪質なイジメを連想する内容だが、言葉を交わしたり目にしたりすることでも穢れの対象となるのだから、何とも執拗《しつよう》だ。それだけ、ヒンズー教では「不浄なもの」に対して拒絶する気持ちが強い。こうした考えを背景に、トイレを家の敷地内に設置することへの強い抵抗感が生まれ、排せつ物の処理をダリットに担わせるとともに、その存在も、排せつ物と同じように「不浄なもの」として嫌悪する発想になっていたのだ。

現代に生きる人たちは、ヒンズー教の伝える「不浄なもの」への嫌悪感をどうとらえているのだろうか。ウッタルプラデシュ州バレイリー地区にあるシャーガー村を訪れたとき、そうした疑問を直接尋ねる機会があった。シャーガー村は人口約五〇〇〇人で、約八割の人たちはコメや麦を中心とした農業を営んでいる。村長を務めるシュクビン・シン（三八）と、悪天候による農作物の不作や生活への影響について話した後、トイレをめぐる問題について意見を聞いてみた。

「それはやりたくない」

シンによると、村にある約五〇〇世帯のうち、三〇〇世帯ほどがトイレを設置したという。残りの世帯については「意識を変えてもらおうと、いろいろ話をしているところです。理解は進んでいます」という状況だった。四割の世帯がトイレをつくろうとしないのは経済的な問題もあるが、考え方の問題によるところが大きい。シンが村人に変化を促そうと説得する「意識」とは、トイレに対する不浄の考えを指す。

「ヒンズー教では、排せつ物が集まるトイレは汚いもので、カネを出して自分の家に置こうと考える人は少ないとされてきました。そのため、トイレがあっても使わない人が今でもいます。でも、それは古い時代の話だと思うのです。地下にタンクを埋めて、排せつ物をそこに流し込むようにすれば、トイレをつくる方が野外で用を足すよりよっぽど清潔ですよ」

ジーンズにワイシャツというラフな恰好《かっこう》のシンは、自宅の庭で私と会っていたこともあってか、周囲の目を気にすることなく気軽な様子で話をする。三〇代という若さからか、ヒンズー教を重んじつつも、その考えに縛られない柔軟さも持ち合わせているようだ。

「しかし、長い習慣を変えるのは難しいことではないでしょうか」

「そうですね。でも、スマートフォンが登場して生活が大きく変わったように、便利なものが出たら、すぐにそちらへ流れていくのではないかとも思います。トイレの設置が広がっていけば、野外で用を足すことは恥ずかしい行為だと、誰もが思うでしょう」

「では、ダリットへの意識も変わりますか」

私がそう問うと、シンは少し考えてから席を外し、庭先で塀の修理をしていた男性たちを呼んできた。サンジープ（三〇）とソヌ（二〇）は、この村に住む三〇〇人ほどのダリットのうちの二人だ。二人は村内で建設作業員として働き、壊れた壁や塀の修理のほか、トイレ掃除といった雑用を行っている。いずれも母親はマニュアル・スカベンジャーとして乾式トイレの清掃にあたっていたが、今はもう仕事をしていないという。

「トイレ掃除の仕事は、どれくらいの収入になりますか」と尋ねると、年上のサンジープが「毎日やっても月に一〇〇ルピー（一六〇円）くらいにしかなりません。それだけでは生活できないので、いろんな仕事をしています」と答えた。

「差別を受けることはありますか」というストレートな質問には、やはりサンジープが「昔はあったけれど、今は感じることはありません。結婚式に行けば、特別なものをもらえたりしますし」と、ややぎこちなく返す。

意外だったのは、二人ともトイレ清掃を進んで「やりたい」と言っていたことだ。サンジープが「仕事なら何でもやりますよ。トイレ掃除だって構いません」と言えば、ソヌも「カネが欲しいですからね」とうなずく。三〇〇ルピー（四八〇円）ほどの月収では、生活もままならないという。だが、サンジープが「マニュアル・スカベンジャーになれと言われても、私はやりますよ」と話すと、ソヌは「それはやりたくない」と表情を曇らせた。「母がやっていた、あんな大変な仕事はやりたくないです」

ソヌがそうはっきり言うと、サンジープはばつが悪そうに苦笑いをしたまま黙ってしまった。シンは二人の話に関心がないのか、ずっとスマートフォンをいじっていた。

「差別」ではなく「区別」と強弁する僧

考え方に変化の兆しはあっても、ダリットとされる人たちの苦しい生活は変わらない。やはり、長きにわたって続いてきたヒンズー教の影響は大きいのだろう。一方で、宗教が人々の暮らしに力を及ぼすには、その伝道役が必要だ。日本では各地に寺があり、お坊さんがいて仏教の教えを伝えている。キリスト教には教会があり、そこに神父や牧師がいる。それと同じように、ヒンズー教にも寺があり僧がいる。教義を学び、人々に教えを説いている僧は、トイレについてどう考えているのだろうか。ジョードプル地区の、ラムヘラという村に高名な僧がいると聞き、さっそく連絡をとった。

ラムヘラ村は、シャーガー村から車で三〇分ほどのところにある農村だった。ババ・カランヨギ・マハラジュ（四九）は、ヒンズー教の僧侶《そうりょ》として村の結婚式や葬式を取り仕切り、子どもが生まれると名付け親にもなる、いわば「村の名士」だ。ヒンズー教に関する著作もあり、テレビにも出演している著名人だという。寺院も兼ねた自宅に招かれると、応接室のテーブルにはガラスの下に各国の紙幣が並べられていた。

「カネは大事ですよ。カネで買えるものは人間にとって大切なものが多いのです。それを忘れないように、ここにカネを飾っているのです」

頭には白いかぶり物を載せ、額にはヒンズー教徒が塗る神聖な「ティカ」と呼ばれる赤い印（この時はオレンジだった）を付けて、赤いマフラーを羽織っている。白髪の交じったヒゲ顔で、のっけからカネや欲望を否定しない姿は、なかなか印象的だ。マハラジュにヒンズー教とトイレの関係について聞くと、目をつぶって深呼吸をしてから、一気に喋《しゃべ》り始めた。

「以前はトイレが家の外にあったのですが、今は家の中にあります。ある意味で便利になりましたが、さまざまな問題も起きています」

ここで言う「家」とは、家の敷地全体を指しているのだろう。マハラジュは、伝統的なヒンズー教の考え方を外国人かつ異教徒である私に諭すように、トイレが家の敷地内にあることがいかにいけないかを語っていく。

「トイレで排せつ物を水に流せば目の前から消えるけれど、それは水を汚し、そして土を汚すことになります。水洗は便利なシステムかもしれませんが、聖なるものではありません。野外で用を足せば、太陽の暑さによって肥料になり、微生物が分解して姿を消します。しかし、水洗は乾燥できず、いつまでも汚いものとして残るのです」

自信たっぷりに答えるマハラジュ。

「野外排せつは、女性にとって危険ではないですか」

そう尋ねると、紅茶を運んできてくれた妻が「野外だと歩くことで健康になりますよ。一日に何度も行けないので、それがプレッシャーになって一度で多く出るようになるのです」と、なかなか斬新《ざんしん》な意見を披露してくれた。それを満足そうに聞いているマハラジュが強調したのは、「不浄なものは衛生的ではない」という考えだ。

「体から出たものは、もう体内に戻るものではありません。それらは聖なるものではなく、不浄で衛生的ではないものなのです。ですから、台所や家の近くに置くべきではありません。まして、水の中に置いてもいけません」

となると、用を足すには野外か、もしくは家から離れた場所に乾式トイレを設置するしか選択肢がなくなってくる。その疑問を口にすると、マハラジュは「その通りです」と満足げな笑みを見せた。野外排せつだけではなく、乾式トイレまでを推奨するとは驚きだ。

しかし、これまでにも述べてきたように、乾式トイレは出された排せつ物を処理しなくてはならず、その過酷な作業はダリットたちが行ってきた。マハラジュは乾式トイレを薦めるが、自らが「不浄なもの」を処理する気持ちは微塵《みじん》もなさそうだ。その作業は、ダリットたちが担うのを当然とする考えがにじむ。

熱弁する僧侶マハラジュ

「彼らが汚く、差別されて然《しか》るべき存在というわけではありません。社会がそのように区別していただけで、彼らも喜んでそうした仕事をしていたのです。私のような僧もいれば金持ちもいるのと同じで、そうした仕事をする人がいる、ということです」

そうなると、人間には職業を選択する自由がないことになってしまう。その疑問を問うてみたが、マハラジュは正面から答えずに「みんなそれぞれにやるべき仕事があり、それに従うべきなのです」という持論を展開した。ダリットたちを「差別」することは「ヒンズーの教えに反する」と明確に答えるのだが、それぞれの身分に応じた「区別」は認める。つまりは「分をわきまえて生きろ」ということなのだろうか。

マハラジュは「ヒンズー教は科学的に証明されたものを教えているので、最も正しいのです」と語るのと同時に、「逆に最も危ないのはイスラム教です。間違っている者は殺せというのが、その教えなのですから」とも付け加えた。

インドの国旗はサフラン（オレンジ色と黄色の中間のような色）、白、緑で構成されている。サフランはヒンズー教、緑はイスラム教、そして白はキリスト教やシク教、仏教などその他の宗教を示している。インド国旗は特定の宗教に偏るのではなく、融和的な政治を行う国であることを表しているのだが、マハラジュはそうした「世俗主義」は堕落したものととらえているようだった。

「黒砂糖を買う人が減って、安い白砂糖がよく売れるようになっても、いずれは健康にいいからと黒砂糖に戻っていきます。それと同じで、トイレも水洗から乾式や野外に戻っていくのです」

話の最後に、マハラジュはやはり自信たっぷりに答えた。そんな話を聞きながら、美味《おい》しい紅茶を二杯もいただいたせいか、トイレに行きたくなってしまった。マハラジュにトイレの場所を尋ねると、話をしていた応接間のすぐ隣にあった。扉を開けると、そこには水洗トイレがある。用を済ませてトイレを出ると、マハラジュは私の言いたいことを察したのか、「どんなものか、使ってみないとわからないでしょう」と無愛想に話した。

トイレの「聖人」

ニューデリーの郊外にある国際空港近くに、ちょっと風変わりな博物館がある。その名も「スラブ国際トイレ博物館」。そこには、フランスのルイ一四世が使っていた便器付き王座の複製品などが置かれ、世界のトイレの歴史をたどることができる。

二〇一四年には米タイム誌が選んだ「世界の奇妙な博物館」のトップテンに入ったエピソードを持つが、館長でNGO「スラブ・インターナショナル」（以下「スラブ」）の創始者でもあるビンデシュワル・パタク（七四）は、さらに多くのエピソードを持つ人物だ。インドでトイレが「不浄なもの」とされ、ダリットたちが劣悪な環境で排せつ物処理などの仕事に従事させられていることに疑問を持ち、トイレの設置と労働環境の改善などを半世紀にわたって訴えてきた。その活動から、パタクは「トイレの聖人」とも呼ばれる。

一九七〇年に設立されたスラブは、パタクが開発した簡易水洗トイレの普及のほか、ダリットたちの地位向上や、トイレ清掃などの労働環境を改善する活動を行ってきた。ニューデリーにある本部にはトイレ博物館のほか、研修施設や学校などが建てられている。スラブはインド各地に支部があり、全国で三万人以上の職員を有する大規模な組織だ。

二〇一七年一一月、本部にある広い応接室で初めてパタクと会った。パタクが姿を見せる前に、専属のカメラマンがやって来て私に立ち位置を指示した。応接室に入ってきたパタクは、笑みを浮かべながら私と握手をし、その様子をカメラマンが撮影する。部屋を見回すと、インド内外の政府関係者などのほか、各国のメディアと会っているところの写真が飾られていた。私もその一枚に加わるのかなと思いながら、握った手に力を込めた。

パタクは「話をする前に、施設を案内したい」と、自身の開発した簡易水洗トイレが設置されている場所に私を案内した。トイレ博物館のすぐそばにある広場には、大小いくつもの簡易水洗トイレがあり、さまざまな材料でできた便器や建物が並ぶ。だが、最も特徴的なのは、地下に埋められる二槽式のタンクだ。パタクの簡易水洗トイレは、用を足した後に手おけを使って水を流す。地中のパイプは途中で仕切られて、汚水が一槽に集中して流れ込むようになっている。一槽がいっぱいになると、仕切りを変えてもう一槽に流れるようにし、たまった排せつ物を肥料に変えていく。タンクの材料はレンガや竹、コンクリートなど、場所によって異なるが、基本的な構造は同じだ。

トイレ博物館のパタク

「一つの槽がいっぱいになるには四年以上の時間がかかります。水分は地中に少しずつしみ出して分解され、残った排せつ物も微生物が処理し、無害な肥料になるのです」

そう説明するパタクに、付き添っていたスラブのスタッフがガラスの瓶に入れた茶色い固形物を手渡した。パタクは瓶の蓋を開けて固形物を取り出し、自らの顔に近づける。

「これが槽の中で肥料になった状態のもので

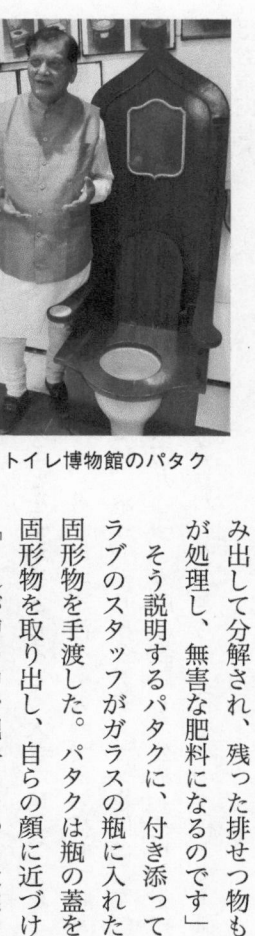

す。臭いも何もありません」

私の顔にも近づけて、臭いがしないことを確かめさせると、大きな声で笑った。

乾燥して肥料になった状態であっても、もとは「不浄なもの」である排せつ物だ。だが、パタクはそれを忌み嫌う様子を見せない。トイレから出るメタンガスを貯蔵して燃料として活用している施設や、スラブが全国約九〇〇〇カ所に設置した公衆トイレの実物を見て回るときも、とても楽しそうに話をする。パタクはさらに、私を小中学校と職業訓練学校にも案内した。

小中学校には、清掃作業に従事するダリットたちの家庭を中心に、五〇〇〇人ほどの児童・生徒が通っている。職業学校では裁縫やファッションデザイン、美容やコンピューター技術などのコースがある。いずれも、ダリットは無料で通うことができるという。

「清掃作業をする人たちは、ダリットとして社会から無視され続けてきました。そこに生まれた子どもたちに知識やスキルを教える場を提供したかったのです」

一生懸命ミシンに向かう女の子の姿を見ながら、パタクは学校設立の目的を熱っぽく語った。

「不可触民の子どもだ」

パタク自身のカーストは、最高位であるバラモンだ。だが、「不浄なもの」に対してタブー視せず、ダリットとされた人たちの救済に尽力している。そうした行動の基になっているのが、マハトマ・ガンジーの思想だ。一九六八年、青年だったパタクは清掃カーストの解放と、公衆衛生の考えをインドに根付かせようとしたガンジーの考え方に賛同し、故郷のビハール州でダリットたちが住む集落に身を寄せ、生活を共にしながら、彼らが置かれ、味わっている環境と差別を知った。

肥料化した排せつ物を顔に近づけるパタク

パタクには、当時の忘れられない光景がある。

「一九六九年のある日の午後、友人とお茶を飲みに街へ行っていたところ、荒れ狂った牛が走ってきて、通りにいた赤いシャツの少年をはね飛ばしたのです。倒れた少年を助けようと、みんなが駆け寄ったのですが、その時誰かが『アンタッチャブル（不可触民）の子どもだ』と叫びました。すると、集まった人々は誰も少年に触ろうとせず、離れていってしまったのです。少年は深い傷を負っていて、私たちが何とか病院に運んでいったのですが、そのまま死んでしまいました」

カーストを理由に周囲が助けの手を差しのべず、命を落とした少年を前に、パタクはガンジー主義を実現させることを誓う。

「不浄なものと差別される考えを断ち切ることが、救いの道になる」

そう考えたとき、ダリットたちが、地域のトイレで排せつ物を素手やほうきでかき集めている姿を思い出した。パタクは、そこに差別の根源を見たのだった。友人から資金を借り集め、簡易水洗トイレの建設と普及に動き始める。当初は、まったくと言っていいほど注文のない日が続いたが、一九七三年にビハール州が公衆トイレにパタクのモデルを二基採用したのをきっかけに、全国へ広まっていった。

パタクは七歳か八歳くらいのころ、自宅に物を届けに来た女の子が帰って行くと、祖母が家の前に水をまき、届けられた物を水洗いしている姿を見て、不思議に思ったという。

「それで、次に女の子が家に来たとき、話しかけて手をつないだりしてみたのです。それが祖母に見つかり、父や母を交えての大騒動になってしまいました。母は『浄化しなくてはいけない』と言って、私に乾燥した牛の糞《ふん》を食べさせ、牛の尿を飲ませました」

パタクは、苦い味を思い出したかのように、顔をしかめた。

ヒンズー教で牛は神聖視されており、牛肉を食べることがタブー視されているのはもちろん、牛の糞や尿は「不浄なもの」と見なされず、逆に穢れを落とす物として重宝される。そうした考えは今でも根強く残っており、新型コロナウイルスの感染が拡大した際には、ヒンズー至上主義団体のメンバーがウイルス対策に有効だとして、牛の尿を飲むパーティーを開催したほどだ。

ダリットの環境そのものを改善する

パタクが触れた女の子がダリットであることは明らかだ。ガンジー主義者としての「原体験」とも言えるエピソードだが、実はガンジーにも同じような体験がある。ガンジーは自らが発行していた機関誌「ヤング・インディア」で、こう記している。

「わたしが今日のような考えをもつようになったのは、わたしがまだ十二歳かそこらの頃でした。その当時、ウカという名の不可触民の掃除人が、わが家の便所の清掃に来ていました。わたしはよく母にたずねたものでした――どうして彼の体に触れてはいけないのですか、なぜ彼に触れることが禁じられているのですか、と。たまたまウカに触れるようなことがあると、私は沐浴をするよう命じられたからでした。わたしはもちろん命令には従いましたが、そんなときはかならず微笑しながら、不可触民制が宗教によって認められていないこと、そのようなことはありえないことを申し立てたものでした。わたしはひじょうに従順で、聞き分けのよい子どもでしたが、この問題は親を敬うことと矛盾するとは思えなかったものですから、このことでは、よく両親にくってかかったものでした。わたしはウカの体に触れるのを罪だと考えることなど、まったくの思い違いであると、母に抗弁いたしました」

(鈴木真弥『現代インドのカーストと不可触民』慶應義塾大学出版会、二〇一五年)

ガンジーとパタクに共通するのは、上位カースト(ガンジーのカーストは商人階級のヴァイシャだった)として、差別を受けているダリットたちへ贖罪《しょくざい》意識を抱いているということだろう。ガンジーは不可触民の制度を撤廃することを掲げ、パタクは清掃作業の現場に自らが開発した簡易水洗トイレを導入することが、清掃カーストの解放につながると主張して活動を続けてきた。

「ヒンズー教の経典では、人間が住むところの近くでは用を足してはいけないことが示されています。矢を放って落ちた場所に行き、そこに小さな穴を掘って用を足し、終われば土や草で覆っていたのです」

パタクはそう説明した上で、歴史の流れを解説した。

「昔は人口が少なく、集落に緑が多かったので、茂みを見つけて用を足すことが一般的でした。当時、用を足すことにカーストの区別はなかったのです。しかし、時代とともに人口が増えて緑が少なくなる中、乾式トイレが設置されて、清掃を担うカーストができてしまいました」

もともとインドでは野外排せつが主流だったことから、用を足すことに関するカーストの差別はなかったが、時代が変わって「トイレ」が出現し、排せつ物の処理をダリットたちが担うことになってしまった。その環境を改善しよう、というのがパタクの基本的な考え方であることがうかがえる。

ガンジーは、バラモンからダリットまで、カーストで従事する職業に上下はなく平等である、との立場から、上位カーストの持っている差別意識をモラルに訴えて変えようと試みた。一九八二年に製作されたイギリス・インド合作映画で、同年のアカデミー賞作品賞などに輝いた名作「ガンジー」では、ガンジーのつくったアシュラム（「修行の場」を意味する共同体）で炊事やトイレ掃除が全員の分担で行われていることが描かれている。その中で、ガンジーと妻のこうしたやりとりがでてくる。

妻「ソラが私にトイレ掃除をしろと言うのよ」
ガンジー「そう、順番だからな」
妻「階級が違うわ」
ガンジー「ここには階級はない。仕事の差別もない」

妻が頑《かたく》なにトイレ掃除を拒否すると、ガンジーは「ではここに居るな。アシュラムを出て行け」と激昂し、家の外に追い出そうとしてしまう。ソラとは、ガンジーの家で働いていた使用人で、カーストはダリットと考えられる。ダリットたちへの差別を解消しようと、身をもって行動したガンジーの思想を、よく表している場面と言えるだろう。だが、気をつけなくてはならない点もある。ガンジーは、ここで階級を否定する発言をしており、カースト制度も否定しているようにも受け取られがちだ。だが、ガンジーはカースト制度そのものを否定はせず、改革が必要との立場を取っていた。

イギリスの植民地支配によって、インドでは鉄道網の整備など近代化、機械化が進む一方、伝統的な産業が低迷し、失業者が増加した。ガンジーは、職業に紐付《ひもづ》いた身分制度であるカーストによって社会の分業が可能になると考え、カーストを擁護したのだった。清掃カーストとされたダリットも、公衆衛生の知識や清掃の技術を備えることで、不潔な労働環境から解放され、社会に可視化された存在として受け入れられるという見方を示している。こうした視点は、簡易水洗トイレの普及でダリットたちの環境を改善し、清掃カーストの解放と地位向上につなげようとするパタクの考えと重なる。

ガンジー主義者

では、パタクの考える「清掃カーストの解放」とはどういったことを意味するのだろうか。私が投げかけた質問に、パタクは「テクノロジー」という言葉を強調しながら、こう説明をした。

「私の（清掃カーストに対する）貢献とは、ご覧いただいたようにテクノロジーによって不可触民のトイレ清掃をやめさせ、労働環境を改善させてきたことです。テクノロジーが介在することによって、これまでの仕事との違いを生み出すことができたということです。不可触民の問題とは、テクノロジーの問題でもあるのです」

ここでの「テクノロジー」とは、パタクが開発した簡易水洗トイレを指していることは言うまでもない。もちろん、それによって清掃カーストの仕事に変化をもたらした側面はあるだろうが、半面カーストに基づく差別はなくなっておらず、危険な下水道清掃の現場で命を落とす人たちは少なくない。「テクノロジー」によって状況は変化しても、差別が消えていない現状をどう考えているのだろうか。

「この間の活動を通して、インドの人々の意識は変わったと思いますか？」

「完全に変わったとまでは言えませんが、変化はしています。私が活動を始めたころは、どの家にもトイレはなく、学校にもありませんでした。しかし、今では私たちによって一五〇万基のトイレが家庭に設置され、九〇〇〇の公衆トイレがつくられました。嫁ぎ先の家にトイレがないのなら結婚しないと、女性たちが言えるようになったのも大きな変化です」

「しかし、清掃カーストへの差別は根強いと感じます」

「不可触民への差別が残っているかどうかは、不可触民と一緒に寺へ行くことができるか、同じ池の水で水浴びをすることができるか、同じ井戸の水を飲めるか、ともに食事ができるか、という点で判断できます。もし農村に行かれたら、そうした風習がまだ残っていることを感じるでしょう。私は新しいトイレをつくることで、不可触民に雇用を生み出しました。六割の人々はそうした取り組みを受け入れていますが、残りはまだそうではありません」

「日本人の目から見ると、カースト制度自体に問題があるとも思えます」

「現状はどんどん変化しています。一九六一年の国勢調査では、三五〇万人の不可触民がトイレ清掃に従事していましたが、今はその一割程度に減少しています」

パタクがダリットへの差別を解消しようと、自ら開発した新しいトイレを普及させるために奔走し、地位向上に寄与してきたことは間違いない。だが、パタクの言葉からは、清掃カーストが新しいトイレを受け入れ、清潔な状態で清掃をすることが現状の改善につながるとの発想がうかがえる。カースト自体の問題を尋ねても、意図的なのかどうかわからないが、はぐらかすかのような答えしか返ってこなかった。もしかしたら、そうした問題は最初から頭にないのかもしれない。ガンジーもカースト制度を否定せず、清掃カーストには公衆衛生の知識や清掃の技術を持つことを求めていたから、パタクはまさにその思想を引き継いだ「ガンジー主義者」なのだ。

こうした点について、清掃カーストについて研究した専門書『現代インドのカーストと不可触民』では、次のように指摘している。

「都市の公的な清掃部門は、集中的に清掃カースト出身者によって占められており、他分野への進出・再就職が困難な状況がみられる。政府やスラブのプログラムで実施された清掃業の改善により、改良トイレが全国的に導入されていったにもかかわらず、清掃カーストにたいする社会的差別はいまだに消えていない。従来の「不衛生な」労働環境での苦しみは解消されたかもしれないが、「衛生的な」スラブのトイレ清掃に従事する者は、変わらず清掃カーストによって担われているのが現状である」

ガンジーは、不可触民の解放を掲げて「ハリジャン奉仕者団」を結成した。ハリジャンとは、ガンジーが提唱した不可触民に対する呼び名で「神の子」を意味する。だが、奉仕者団の中心メンバーには不可触民はおらず、上位カーストがヒンズー教社会にモラルを訴える形をとっていた。このため、不可触民の側からは不満の声もあがっていたという。スラブも運営主体を高カーストの出身者が占めるものの、代表にはダリットをすえている。ガンジー主義者を名乗りつつも、決して「上から目線」と受け止められないよう、柔軟性を示すことができるのも、パタクの才覚と言えるだろう。

「私もバラモンになりたい」

スラブの代表に就いているウシャ・チャウマルは、ラジャスタン州の小さな村でダリットの家庭に生まれ、二〇〇三年までトイレの排せつ物をかき集めるマニュアル・スカベンジャーだった。二〇二〇年二月、ラジャスタン州にあるスラブの事務所でチャウマルに会った時に、年齢を尋ねると「身分証には一九七八年四月一四日と書いてありますが、本当はよくわからないのです」と笑いながら答えた。この年、インド政府から清掃カーストの地位向上に貢献したとして、民間人を対象にした勲章として高い格式を持つ「パドマ・シュリー勲章」を授与されている。

母もマニュアル・スカベンジャーだったというチャウマルは、七歳から母と同じ仕事に就いていた。一〇歳で結婚をさせられたが、相手もやはりトイレの清掃人だったという。

「二〇軒ほどの家を回って乾式トイレから排せつ物を集め、桶《おけ》に入れて近くの広場で捨てることを毎日やっていました。手袋もマスクもしません。そうした環境で育ったので、当たり前の事だと思っていました。雨の日に、桶から汚水が漏れて服を汚すのがとても嫌でしたね。一二歳位のころ、周りの人たちがやらない仕事を、なぜ私たちがやらなければならないのか疑問に思い、母に尋ねたことがあるのです。母は『ほかに仕事はない。どうやって食べていったらいいの？』と答えたので、それ以上は深く考えないようにしました。当時は、水をくれなかったり、報酬をもらうときもお金を投げて寄こしたりする人がたくさんいましたが、仕方ないことだと思って差別とは考えていませんでした」

そうしたチャウマルの生活を変えたのがパタクだった。いつものように排せつ物を集めて捨てているところに、通りかかったパタクが声をかけてきたという。

「彼は『なぜ、そんな仕事をしているのですか』と聞いてきたのです。最初は政治家だと思って話すのが嫌だったのですが、何度も聞いてくるので『ほかに仕事はありません』と答えたのです。そうすると彼は『そんな仕事は辞めたらいいのです。私が仕事をあげます』と言ったので、本当に驚きました」

パタクは、チャウマルに排せつ物をかき集める仕事が健康に悪影響を与え、尊厳も否定しているとして、不可触民に生まれたからといって、その仕事を世襲する必要はないと説いた。さらに、スラブの本部に来て働くことも勧め、チャウマルをニューデリーに招待したという。

「エアコンや音楽プレーヤーのついた車に乗るのはもちろん、高級ホテルに行ったのも初めてでした。スラブの本部に着くと、みんなが大歓迎してくれて、私に花輪をかけてくれました。人生で初めて尊厳を持って扱われて、涙が出ました」

チャウマルはマニュアル・スカベンジャーの仕事を辞し、スラブで職業訓練や基礎教育を受け、職員となった。代表には、女性職員の互選で就任したという。

マニュアル・スカベンジャーだったチャウマル

一種のサクセス・ストーリーのような流れだが、パタクがいかに温情を持って清掃カーストのチャウマルに接し、過酷な仕事から解放したかについても、わかりやすく盛り込まれている。チャウマルの話で興味深かったのは、不可触民として辛酸をなめる経験をしながら、カースト制度そのものの批判はしていないことだ。この点は、パタク、そしてガンジーの考え方と相違ない。

「スラブの本部でいろいろと仕事をし、アメリカやイギリスなどにも行きました。そうした経験をする中で、ある日、パタクに『私もバラモンになりたい』と言ったのです。バラモンが着る黄色の服をまとい、バラモンの名前を付けてほしいと。パタクは笑顔で黄色い服を私にくれました」

「自分がダリットではなく、バラモンになりたいと思ったのですね？　カースト制度をなくそうとは考えなかったのですか？」

「社会の中にカースト制度は根差しています。そう簡単に変わるものではありません。それに、カーストはあっても差別はなくなってきています」

私が、下水管の清掃作業中の事故や、マディヤプラデシュ州で起きた子ども二人の撲殺事件を引き合いに、ダリットとされた人たちへの差別はまだ根強いのではないかと質問すると、同席していたスラブの職員が「問題はまだありますが、状況は改善しつつあります」と割って入ってきた。マディヤプラデシュ州での事件についても「個人のケンカという側面が強く、ダリットであることと関係がないかもしれません」と付け加えた。

もちろん、こうしたチャウマルの考えやパタク、ガンジーの思想、そしてスラブの活動には、ダリットたちからの反発も強い。ダリットの権利向上を求める団体のメンバーは、こう突き放した。

「我々の生活を改善させるといいながら、自分のつくったトイレを普及させる道具に使っているだけだ。公衆トイレで安く働かされている仲間もいる。カースト制度を擁護し、利用しているのは欺瞞《ぎまん》だ」

一方、インド政府が不可触民に与えている「留保制度」に対しては、上位カーストの人たちを中心に「逆差別だ」との批判が多い。留保制度は、入学試験や公務員の採用などで不可触民を優遇するもので、アメリカの大学入学選考でアフリカ系アメリカ人などの少数派を優遇する、積極的差別是正措置（アファーマティブ・アクション）とよく似ている。留保制度の枠をどうするかは政治課題となり、上位カーストの中には、対象者が実力以下で大学入試や公務員試験を通過できるのではないかという反発が起きる一方で、不可触民の側では「不可触民という立場を固定するものになる」との意見もあり、着地点は見いだせていない。

「聖人」のモディ評価

チャウマルが勲章を受章した直後、約二年ぶりにパタクと会った。この間、内臓の病気にかかって体力的に問題があるということで、スラブの本部ではなくニューデリーにある自宅で話を聞いた。パタクの自宅は高級住宅地の一角にある豪邸で、入り口の門の前には銃を持った数人の警備員が立っていた。「聖人」は、以前と比べるとやや元気のない様子だったが、笑顔と握手する手の強さは変わらない。お付きのカメラマンがやって来て、インタビューの様子を撮影することも変わっていなかった。

パタクに、モディがスワッチ・バーラトの成功と、インドから野外排せつがなくなったことを宣言したことについて評価を尋ねると「政府が発表した数字しか知らないので、答えるのは難しいですね」と、意外な答えが返ってきた。

「政府は人口の少ない村について、実態をきちんと調査していない可能性があります。農村部などでは野外排せつが残っているところもあるかもしれませんし、マニュアル・スカベンジャーが乾式トイレの清掃にあたっているところもあるかもしれません」

パタクは、そう冷静な視点を示しながらも、トイレをめぐる環境は「劇的に変わった」と断言する。

「二〇年前の状況と比べれば、その違いは歴然です。私の開発したトイレは広く普及し、インドは本当に清潔になりつつあります」

ダリットたちへの差別についても「今はほとんどなくなりました。マニュアル・スカベンジャーがほとんど姿を消したことで、そうした偏見もなくなっていったのです」と言う。しかし、マニュアル・スカベンジャーは減少しても、危険な下水管清掃には依然としてダリットとされた人たちが従事している。

「下水管の清掃をする際は、以前はランプを使っていて、それが消えると有毒ガスがあるとわかりました。今はテクノロジーも進んでいて、安全対策は十分にあります。危険を十分にチェックしない上で下水管に入っていくのは、その労働者にも責任があります」

以前、パタクと話したときも、自らが開発したトイレを念頭に、不可触民の解放には「テクノロジー」が力を発揮したと話していた。清掃カーストの地位向上に向けて、さまざまな技術や機会を提供する一方で、ダリットとされた人たちがそれらを活用する努力を求める考えが根底にあるのだろう。

話を終える前に、パタクへモディの評価を聞いてみた。パタクはモディがグジャラートの州首相を務めていた二〇〇五年に初めて会い、理念を共有する仲になったという。

「モディはインドの衛生プロジェクトに関する最大の理解者です。インドには何千人もの人が公衆衛生に関与してきましたが、インドを清潔にするため本当に貢献したのは三人しかいません。ガンジー、モディ、そして私です」

パタクはそう言って、また笑みを見せる。チャウマルは、初めてパタクに声をかけられたとき「政治家ではないかと思った」と語っていた。行動力に裏付けされた自信にあふれるパタクの表情や言葉からは、チャウマルが最初に感じたことは決して間違いではない、と私には感じられた。

第五章　トイレというビジネス

——地べたからのイノベーション

「スタートアップ大国」インド

インドでは、ＩＴ技術などを用いて起業したスタートアップ企業の活動が盛んだ。インドのＩＴ業界団体がまとめた資料では、二〇一三年〜二〇一八年の六年間で生まれたスタートアップ企業は約七五〇〇社。新たなビジネスチャンスをつかもうと、毎年一二〇〇社ほどが市場に参入した計算で、アメリカとイギリスに次ぐ規模となっている。日本の不動産業界に参入した「ＯＹＯ」（オヨ）や、モバイル決済アプリＰａｙＰａｙに技術を提供した「Ｐａｙｔｍ」は、いずれもインド発のスタートアップ企業だ。南部のベンガルール（バンガロール）にはインドのスタートアップ企業の約四分の一が集まっており、人材の豊富さから「インドのシリコンバレー」とも呼ばれている。

スタートアップ企業が隆盛する背景としては、世界有数のレベルとも言われるＩＩＴ（インド工科大学）を中心に優秀なＩＴ技術者を多数輩出する素地があり、学生やビジネスパーソンを中心に英語力が高いことから、世界の市場で即戦力になるといった点が挙げられる。毎年一二〇〇万人ほどの若者が労働市場に参入し、大企業に就職するには厳しい競争が待っているため、スタートアップ企業で実績を挙げて大企業と取引する道を選ぶ、という思惑ものぞく。モディ政権は「スタートアップ・インディア」を打ち出し、資金調達や特許取得手続きの簡略化などで起業支援を図っている。

スタートアップ企業は、データ分析や人工知能（ＡＩ）を駆使し、企業向けのサービスやＩＴと金融が融合した「フィンテック」を扱うところが主流だ。だが、インドのトイレ市場に注目しているスタートアップ企業もある。インドの経済成長に取り残されてしまったトイレ事情に、ビジネスとしての可能性を見いだしたというわけだ。

トイレ清掃ロボットを開発する

ニューデリー市内にあるホテルでの待ち合わせ時間は夕方だったが、もう夜になっていた。インドではたとえ仕事でアポを取り付けても、遅刻やドタキャンは日常茶飯事だ。「渋滞で車が先に進まない」「急に予定が入った」「雨が降っている」「忘れていた」——。言い訳はさまざまだが、あまり悪いと思っていない点では共通している。だが、この日に会う約束をしていたアルン・ジョージ（二五）は違っていた。ビジネスパートナーとの打ち合わせが長引いているとして、時間のめどがつく度に何度も携帯電話にメッセージを送ってくる。小さなホテルのフロント前でジョージに会うと、笑顔で握手を求めてきた。

ジョージは二〇一七年にスタートアップ企業「ゲンロボティクス」(Genrobotics) を立

ち上げた一人だ。ニューデリーから飛行機で約三時間、南インドのケララ州トリバンドラム（ティルヴァナンタプラム）に拠点を置くゲンロボティクス社は、下水管を清掃するロボットの開発を行っている。

「バンディクート」と名付けられた清掃ロボットには、四本の脚のほか、触手のような複数のアームがある。アームの先には特殊なシャベルや容器が取り付けられ、下水管の中で詰まりを解消し、汚物を回収する作業を行う。操作は地上で行うことから、作業員が下水管の中に入って危険な作業を行う必要はなくなるというわけだ。

「バンディクート」とは、体長三〇センチほどの、ネズミやウサギに似た姿をした小動物を本来は意味している。

「マンホールを開けると、下水道にはネズミが走り回っているじゃないですか。そのように、下水管の中を自由自在に行き来できるイメージの名前にしたのです」

ジョージは、バンディクートという可愛らしい名前の由来を、やや照れくさそうに語った。しかし、起業してトイレ清掃のロボットを開発しようと考えた動機を尋ねると、笑顔が真剣な表情に変わった。

ゲンロボティクス社の創業メンバーは、ジョージを含めて四人。ケララ州の大学で機械工学を学んでいた仲間だ。学生時代から起業に関心があり、四人でアイデアを出し合ってはオリジナルのロボットを製作し、コンテストに応募するなどしていたという。清掃ロボットの製作を始めることになったのは、大学卒業を控えた二〇一六年のある日、ジョージがケララ州内で起きた事故のニュースを見たのがきっかけだった。

「下水管の清掃をしていた作業員三人が、有毒ガスを吸い込んで死亡したのです。テレビのニュースにはその現場が映し出されていましたが、とても狭くて危険な場所でした。三人はそこに手袋やマスクもせず入っていったのです。いまだにこんな作業が行われていることに衝撃を覚え、自分たちの技術をこうした現場に生かすことができないかと考え、すぐに仲間に相談をしました」

トイレ清掃ロボットを開発したジョージ

インドで下水管の清掃労働者が作業中に事故死するケースが相次いでおり、十分な装備や安全対策がなされていない現状については、先に触れた。清掃労働者の大部分はカースト制度で最下層とされているダリットたちで、危険な作業に従事する背景に根強い差別意識があることも、これまで述べてきたとおりだ。ジョージや友人たちのカーストはダリットではなく、これまで差別や清掃労働者の問題について深く考えたこともなかったという。だが、それは差別や劣悪な労働環境という問題に、先入観を持たずに向き合えるということでもあった。

ジョージがすぐに三人の仲間と連絡をとり、自らの問題意識を伝えたところ、すぐに賛同を得られた。清掃労働者の代わりにマンホールへ入り、下水管の詰まりを取り除くロボットはどうデザインしたらいいのか。四人はアイデアを出そうと考えあぐねる中で、以前に作製したロボットを思い出した。世界的にヒットしたジェームズ・キャメロン監督のSF映画「アバター」を四人で見た後、触発されて四本の脚と二つのアームを持ち、本体の操縦席に人間が座って動かすロボットをつくっていたのだ。

「あのロボットを発展させれば、マンホールの中に手を伸ばして汚れを取り除くことも可能になる。そうすれば、危険な清掃作業を人間が行うという時代遅れのやり方に、終止符を打つことができると考えたのです」

大学を卒業した四人はゲンロボティクス社を立ち上げ、清掃ロボットの開発に乗り出した。スタートアップに関するさまざまなイベントに参加し、投資家たちにアイデアを説いて回った。だが、最も関心を示したのはケララ州政府だった。清掃労働者たちの労働環境を改善できるという説明に注目し、開発の支援を約束したのだった。

安全と尊厳を取り戻す

このころケララ州政府は、スタートアップ企業を育成することが将来的な雇用創出につながるとして、積極的に後押しする姿勢を取り、独自の振興策を打ち出していた。ケララ州政府が所管するスタートアップの促進機関を設置し、税務などのコンサルティングやマーケティングのサポート、さらには製品開発の資金補助も行うなど充実した内容で、州内の大学を出たばかりの四人は、その対象としてうってつけだった。

さらに、起業して間もない四人が公的なサポートを受けられたのは、インドにおいてケララ州が独特の政治的立ち位置にあることと無関係ではない。ケララ州では一九五七年にインド共産党（後に分裂）から州首相が選出され、普通選挙を通じて誕生したアジアで初の共産党政権と言われた。その後も共産党の勢力が強い影響力を保ち、二〇一六年からはCPIM（インド共産党マルクス主義派）幹部のピナライ・ビジャヤンが州首相を務めている。ケララを訪れると、鎌とトンカチをデザインした赤旗と政治的なスローガンの入ったポスターがあちこちに貼られており、資本主義を推し進めるインドとは思えない異彩を放っている。

ケララ州政府は中央政府と一定の距離を置きながら、教育や医療の拡充に重点を置き、女性の社会進出にも積極的な姿勢をとってきた。その結果、ケララ州の識字率はほぼ一〇〇%（インド全体では二〇一八年の推定で男性八二・四%、女性六五・八%）に達しており、医療水準も高いとされている。多数派はヒンズー教徒だが、イスラム教徒やキリスト教徒の割合がほかの地域より高く、ヒンズー教徒にとってはタブーなはずの牛肉が普通に売られているなど、宗教的にも寛容な土地柄だ。そうしたケララ州で、四人は「清掃労働者の環境改善につながる」と、清掃ロボットを州政府に売り込んだ。「労働者」というキーワードに、共産党政権が反応しないはずがなかった。

ジョージたちは、ケララ州政府の協力を得ながら、清掃労働者がどういった状況で働いているかを調査した。マンホールの形状はどうなっているのか、どんな物質が下水管を詰まらせているのか、発生する可能性のある有毒ガスは何か——。清掃労働者からも聞き取りを行い、具体的な情報を可能な限り集めてから設計に入った。

「調査をしてまずわかったことは、マンホールの直径や蓋《ふた》の重さが場所によって違うということでした。蓋は重さが一八〇キロもあるものもあれば、周囲をコンクリートで固定しているものもありました。同じような規格でつくられていないのです。どのようなタイプのマンホールでも対応できるものにするというのが、第一の課題でした」

設計した清掃ロボットは、蜘蛛《くも》のような四つの脚でマンホールの上に移動し、油圧を使って蓋をこじ開ける。胴体から伸びたアームが下水管の中に入っていき、地上で操作しながら作業を行うという仕組みだ。これまでも、高圧の水を噴射して詰まりを解消する装置はあったが、蓄積された廃棄物や生理用品が岩盤のようになっており、十分に機能しなかったという。また、噴射で詰まりを解消できても汚物は回収できないことから、根本的な解決にはならなかった。清掃ロボットには汚物を回収するマジックハンドのような装置もついており、汚物を回収して地上へ引き上げることが可能だ。

清掃ロボットは、二〇一八年二月にケララ州が初めて導入したのを皮切りに、これまで一〇州で使われるようになっている。インドで特許を取得し、数多くの賞に輝くなど、スタートアップ企業としての評価は高い。インドだけではなく、アジアや中東の国々からも問い合わせがあるという。新型モデルでは、有毒ガスの検出や位置情報を知らせるセンサーを改良するとともに、操作をより簡単に行えるようにした。その理由を、ジョージはこう説明する。

「私たちの目的は下水管での危険な清掃作業をなくすことで、清掃労働者の仕事をなくすことではありません。操作方法をシンプルにしているのは、地下で危険な作業をしていた清掃労働者が、地上でロボットを扱うことができるようにするためです」

ゲンロボティクス社では、各州政府などに清掃ロボットを販売する際、清掃労働者に操作方法を訓練することも行っている。これまでに技術をマスターした清掃労働者は、九〇〇人以上にのぼるという。

「インドは下水道が発達していないことからもわかるように、トイレに関するイノベーションの遅れた国です。新しい技術や知見を政府が積極的に取り入れていけば、人々の意識は必ず変わっていきます。そして、清掃労働者に安全と尊厳をもたらせると信じています」

ジョージは、自分に言い聞かせるように「安全と尊厳」と、もう一度繰り返した。

ターゲットは農村

モディがスワッチ・バーラトを提唱したことにより、インドでトイレという分野が新たなビジネスとして浮上したことは間違いない。インドメディアによると、スワッチ・バーラトによって設置や管理といったトイレに関する需要が増え、二〇二一年までに六〇〇億ドル（約六兆四八〇〇億円）の商機が訪れると予測されている。

その市場には、トイレ部品の製造から販売、設置工事、管理、設計などといった多くの人たちが群がるが、それらの大部分は「キラナショップ」（または「パパママショップ」）と呼ばれる家族経営の小規模な商店だ。ショップ同士での連携は薄く、トイレを設置しようとしても、部品の購入や工事など個別に発注しなくてはならず、コストも時間もかかってしまう。それを解消しようとしているのが、二〇一四年に創立したスヴァダ（Svadha）社だ。

スヴァダは農村部の消費者をターゲットに、トイレ付きの建物と汚水の管理設備をまとめて提供するフォーマットを提供している。価格は一五〇〇ルピー（二四〇〇円）～一万九〇〇〇ルピー（三万四〇〇〇円）ほどと幅を持たせており、さまざまなニーズに応《こた》えられるようにしているのが特徴だ。

「我々と契約を結んだ地元の販売業者がフォーマットに商品を掲載します。販売業者は、設置まではなくアフターケアも行うよう、我々から事前にトレーニングを受けています。さらに、大企業や政府機関もフォーマットに参加することで、販売業者が商品を安く仕入れることができ、政府の補助について消費者が説明を受けることも容易になります」

スヴァダの代表を務めるK・C・ミシュラ（五九）は、そう説明した。スヴァダはサンスクリット語で「快適さ」を意味する言葉だという。農村にトイレをもたらすことで、生活が快適になる。そのために、大手から零細までの企業が参加するフォーマットをつくって農村の消費者に提供する。スヴァダの描くデザインはとてもわかりやすい。農村をターゲットにしていることもあり、本部のオフィスは東部オディシャ州ブバネスワールにある。ミシュラはオディシャ州の農村に生まれ育ち、銀行でソーシャル・ビジネスの専門家として活躍してきたキャリアを持っている。

「私の家には幸いトイレがありましたが、周囲はないのが当たり前の環境でした。一方で、人々は快適さにアクセスしたいと思っているのですが、容易にできないという状況もあります。企業も『農村にトイレを』と言えば、ビジネスではなく慈善事業ととらえがちでした。援助する側の政府も、農村の人たちの話をせいぜい五分程度しか聞かずに、ニーズはこうだと判断してしまいます。その現状を変えたかったのです」

スヴァダが開発した携帯電話のアプリには、オディシャ州内の小売業者が約四〇〇登録され、消費者は予算や希望に応じて選択することができる。小売業者はシステムを通じて部品を製造する大企業への発注や、施工や運搬業者などとの取引をスムーズに行うことができるほか、スヴァダが在庫や財務の管理方法も教えて経営の効率化を図る。スヴァダには、小売業者に入った注文の五～一〇％が手数料として入ってくる仕組みだ。

オフィスを見回すと、一五人ほどのスタッフがパソコンで設計図に見入っていたり、会議室でビジネスモデルを話し合ったりしている。特徴的だったのは、そのほとんどが二〇代の若者たちだったことだ。

「農村に出向いて市場調査をしているスタッフもいるので、メンバーは全員で三〇人ほどです。八割が経営学を学んでおり、イギリスの大学で専門的な研究をしてきたスタッフもいます。みんな卒業してあまり時間がたっていないので、若いですよ」

ミシュラはそう話すと、近くで作業をしていた一人のスタッフを紹介してくれた。マネージャーを務めるリテシュ・シン（二六）だ。スヴァダには二〇一五年から加わっている。

「社会制度設計に関わる仕事をするのが希望で、実践的なキャリアを積むために入社しました。インドのトイレは大きな市場です。政府も社会衛生のために多くの資金を投資しています。でも、受け手となる消費者は、必ずしも質のいいトイレを手にしていません」

シンは問題意識を抱えながら、商品を提供している農村へ頻繁に足を運ぶ。そこにニーズがあり、社会の質を向上させるビジネスの芽があると感じるからだ。

「新しい技術は、人々の考え方も変えていきます。トイレと縁遠かった農村に、快適さを安価で提供して、それが地元の業者の利益になるというモデルをつくっていきたいのです」

シンは「発展と持続性を調和させる。これが私の理想です」と話すと、農村を訪問するからと、手を振って事務所を出て行った。

トイレで進出する日本企業

もちろん、こうした動きと日本の企業も無関係ではない。温水洗浄便座や脱臭機能がもはや珍しいものではなくなっている日本は、世界が認める「トイレ先進国」であり、そこで培われた技術やノウハウがインドにも輸出されている。

トイレなどの生活排水を処理して、川や海に流す「浄化槽」は、日本で独自に開発された技術だ。日本では、一戸建てから集合住宅まで規模に応じた浄化槽があるが、これをインドで生産し、販売しようという日本企業も出ている。インドではトイレから出た汚物をタンクにためたり、長時間かけて汚物を肥料化したりする方法が多いが、浄化槽を用いれば、汚水を処理して工場用水などに再利用することもできる。水不足が深刻化するインドではうってつけだ。

こうした動きは大企業だけではなく、中小企業にも広がっている。鳥取県米子市《よなご》に本社のある「大成工業」は、細菌と独自に開発した不織布を用いてトイレなどから出る汚水を処理するシステムを、バラナシの公衆トイレに導入した。電力を必要とせず維持管理も容易で、ウッタルプラデシュ州ムザファルナガルの大学寮にも設置を進めている。

大成工業は社員が一五人ほどの小さな企業だが、日本各地の公園や山小屋など約四五〇カ所のトイレに自社の装置を設置してきた。装置の仕組みはこうだ。地中にあるタンクに汚水を流し込み、嫌気性菌（育成や増殖に酸素を必要としない菌）によって汚物を腐敗させ、ろ過した上で特殊な不織布を通して土中に拡散させる。汚水は無色透明な状態となり、農業用水などに利用することができる。下水道に接続する必要がなく、タンクに沈殿する汚物も少ないことから、低コストで半永久的な使用が可能だ。

担当部長の松本安弘《まつもとやすひろ》は、こう話している。

「下水道の発達している日本では私たちの技術は隙間の分野になりますが、インドでは技術的な問題から多くの需要を感じています。衛生環境の向上に役立ちたいと思っています」

自然環境に配慮したエコなシステムとして開発された技術が、電力供給が不安定で下水道も発達していないインドでも力を発揮した形だ。

簡易トイレがインドの農村に根付く日

インドなどの途上国で、簡易トイレを普及させようと奮闘している企業もある。東京に本社のある住宅設備メーカーＬＩＸＩＬ（リクシル）だ。二〇二五年までに一億人の衛生環境を改善することを目標に、途上国で深刻な衛生問題の解決に貢献しようと、二〇一六年に専門の部署である「ソーシャルトイレット部」を立ち上げ、樹脂素材を使用した安価な簡易式トイレシステムの普及などを行っている。この簡易式トイレシステムは「Ｓａｆｅ　Ｔｏｉｌｅｔ」の頭文字をつなげて「ＳＡＴＯ」と名付けられている。私がトイレ関係の取材に出向き名刺を差し出すと、名前に「ＳＡＴＯ」と書かれているのを見て、何人も不思議な表情を浮かべたのはこのせいだったのだ。「同じ名前だから、トイレの関心があるのですか」と、真顔で聞かれたほどだ。

このトイレシステムでは、少量の水できれいに流せるように形を工夫し、水を流すと下部のカウンターウエイト式の弁が開き、流れた後は閉まる仕組みになっている。そのため、においのほかハエなどの病原菌を媒介する虫を低減することが可能だ。トイレシステムの原価は五ドル（約五四〇円）ほどで、インドのほかバングラデシュやケニアなど二七カ国以上で展開している。途上国でも生産から流通、施工まで行えるよう、簡単な構造になっているのも特徴で、市民団体や財団などからの寄付で設置したり、自社で販売したりした簡易トイレの数は三八〇万個を超え、約一八六〇万人の衛生環境の向上につながるという。

トイレシステムの開発と普及を進めるプロジェクトの責任者が石山大吾《いしやまだいご》（四二）だ。二〇一九年一一月、国連の定める「世界トイレの日」に合わせたイベントに出席した石山と、インド西部プネで会った。石山の名刺の拠点はアメリカのニュージャージー州になっている。トイレシステムの理念と目的とともに、文字通り世界を駆け巡っているエンジニアだ。

石山は、インドで簡易トイレを普及させる際、住民たちにどのような利点があるかを説くことに重点を置いたという。

「トイレを設置しても、技術によってにおいやハエが発生しないことを、何度も説明しました。また、インドに限ったことではありませんが、農村などには下水道の整備ができない地域が多く、水が貴重なところも少なくありません。女性たちが遠くまで何度も水を汲《く》みに行くという重労働を強いられている中で、水が少量で済むというのも重要なポイントでした」

石山は村を回ると、その地区の有力者を説得し、実際にトイレを使ってもらった。そうすることで、村人たちへの理解が進むからだ。村人たちの声に耳を傾け、改良点があれば商品に反映させる。その積み重ねが「人々の考え方の変化につながる」と信じているが、道のりは決して平たんではない。

「貧しい人たちにとっては、水や食べ物、薬などをどうするかが課題で、生活の中でトイレの優先順位が低いという現状もあります。トイレによって生活が発展するということを、どう根付かせていくか。まだ時間がかかるかもしれません」

リクシルは二〇一九年六月、簡易式トイレシステムのソーシャル・ビジネスがバングラデシュで黒字化を達成したと発表した。社会貢献に関するビジネスが、事業としてやっていけることを証明したことになり、リクシルにとってさらなる展開に向けたステップとなったことは間違いない。一方で、バングラデシュはリクシルが二〇一三年に、初めて簡易トイレを進出させた国で、黒字化までには六年の歳月がかかったことになる。

巨大市場のインドも、まだ黒字化には至っていない。それでも、石山はこう話す。

「人口が多く、簡易トイレへの需要も高い。ビジネスの基本的な環境が整っているので、ほかの国よりも仕事を進めやすい点もあります。いずれにせよ、ポテンシャル（潜在性）の高い国です」

簡易式トイレシステムが、インド農村部の暮らしにどんな変化をもたらすか。「本業を通じて、地球規模の課題の解決に取り組む」というビジネスモデルの挑戦が続いている。

終章　コロナとトイレ

――清掃労働者の苦渋

コロナ禍はインドの暗部を浮き上がらせた

それは、奇妙でもの悲しい光景だった。

普段は渋滞がしょっちゅう起き、ノロノロ運転を強いられた運転手の鳴らすクラクションが響いていたニューデリー中心部の道路に、行き交う車はほとんどなく、スピードを出して走ることができる。だが、車が姿を消した代わりに、道路に現れたのは人の列だった。汚れが目立つ服を着て、小さいカバンやリュックサックを抱えて、ただただ道を歩いている。母親に手を引かれたり、父親に肩車をされたりしている子どももいた。気温は三〇度を超える暑さだ。通りには時折、ペットボトルの水を手渡す人たちがおり、周りには疲れ切った表情で喉《のど》を潤す人たちが集まっている。誰の顔にも笑顔はなく、うつろな表情が浮かんでいるだけだった。

列を歩く人たちの目的地は、遠く離れた故郷だ。ニューデリーで出稼ぎ労働者として働いていたが、職を失って収入が途絶え、家族とともに歩いて故郷を目指していたのだ。

インド政府は二〇二〇年三月二五日、新型コロナウイルスの感染拡大を防ぐための措置として、全土を対象にしたロックダウンに踏み切った。旅客機の運航は停止され、各地を網の目のように走っている鉄道もストップした。メトロやバス、「オートリクシャ」と呼ばれる自動三輪車など、市民の足となってきた公共交通機関も一斉に運休となり、州をまたいだ移動も禁止され、あちこちに検問所が設置されて、警察官が「不要不急」の外出に目を光らせる。食料品店や薬局などの一部を除いて店舗や事務所は閉鎖され、工場も稼働を停止。約一三億という膨大な人口を対象にしたロックダウンは、それまでの生活に大きな変化を強いた。

そうした中で、大きなしわ寄せを被ったのが出稼ぎ労働者たちだった。その多くは工場や建設現場で働いていたが、ロックダウンによって解雇され、行く場を失ってしまったのだ。住み込みで働いていた人たちが多く、失業すれば住処《すみか》がなくなり、明日の食べ物にも窮してしまう。公共交通機関も動いておらず、実家のある農村まで徒歩で帰ろうとする人が続出したのだった。隣接する州などから出稼ぎにやって来ている労働者の数は、ニューデリーだけで一億人にのぼるとされている。

州をまたいだ移動が厳しく制限されていることから、幹線道路を避けて野山を越える人たちも少なくなかった。モディが四月一四日、それまで三週間としていたロックダウンの期間を五月三日まで延長すると、その数はさらに増えた。逃避行さながらに歩き続ける中で、一二歳の少女が極度の疲労と脱水で命を落とす悲劇も起きている。地元政府が臨時のバスを州境に出すことを決めると、労働者たちが殺到して大混乱となった。モディがテレビ向け演説で何度も力説した「ソーシャル・ディスタンシング（社会的距離の確保）」など、別次元の話のように虚《むな》しく響くだけだった。

インドのロックダウンを伝えるニュースでは、外出をした人たちを警察官が棒で叩《たた》いたり、スクワットや腕立て伏せをさせたりする場面が映し出された。日本でもニュースで放映されたため、多くの友人から「外出したらスクワットをさせられるの？」「インドの法律は厳しいね」といったメッセージを受け取った。驚きもあるのだろうが、そこには「理解不能な、遠い国のインドで起きている滑稽《こっけい》なこと」という意味も含まれているように感じてしまう。

だが、警察官が、外出しているというだけで市民を棒で叩いたり、腕立て伏せをさせたりすることに法的な根拠などあるはずがない。ニュースを見ると、そうした対応を受けているのは粗末な服を着た労働者風の男性が多い印象を受ける。裕福そうな人たちがスクワットをさせられている様子は、少なくとも私は目にしたことがない。

「出稼ぎ労働者やダリットたちといった貧しい者に対して、警察官が差別的な態度を取ることはよくあります。貧困層にいる人たちがコロナウイルスを拡散している、という社会の偏見もあるかもしれません」

ある人権活動家は、私にそう語った。実際に、出稼ぎ労働者やダリットたちに対して「コロナだ！」という言葉を浴びせ、近づかないように投石をするといったケースがあちこちで起きている。新型コロナウイルスによってもたらされた社会の混乱が、貧困や差別といったインドの抱える暗部を浮き上がらせたのだ。

コロナ禍の清掃労働者たち

事務所や工場が閉鎖される一方で、生活に必須な仕事は「エッセンシャル・サービス」として活動が許可されている。医療をはじめ食料品の流通、物流、電力・水道などの公共事業、そして私のようなメディアなどが対象となっているが、清掃労働もそこに含まれていた。だが、新型コロナウイルスの感染拡大という非常事態の中でも、清掃労働者の多くは手袋やマスクなどをせず、十分な感染予防策がとられない中で仕事に従事している。

「下水管の中のゴミには、注射器やマスク、手袋といった医療廃棄物が含まれていることがよくあります。注射器によってケガをしたことは今まで何度もありますが、今の状況では、それが特に危険に感じます。当局は私たちに、何らかの安全策を講じるべきです」

ムンバイで下水管の清掃労働者として働く男性は、インドメディアに対して、自らの置かれた厳しい労働環境について語った。男性は、感染を恐れて自分専用の石けんを持ち歩き、手洗いを励行するとともに、自腹でマスクを用意している。だが、マスクは同じものを何日も使い、手袋はないままで十分な感染予防とは言いがたい。

「これまで同僚が何人も皮膚や呼吸器、目の病気になってきました。傷口にバイ菌が入って指を失った人もいます。でも、コロナウイルスにはそれとは違った恐怖を感じます。感染したくないとは思いますが、仕事をしなければ食べることができません。恐怖と向き合う毎日です」

男性の言葉には、現状に対する恐怖と諦《あきら》めが混ざっているようだった。

感染拡大に対するインド政府の処置は早かった。一月三〇日にケララ州で、中国・武漢《ぶかん》大に留学していたインド人女性から初めての感染が確認されると、中国人に対して二月五日以前に発給されたビザを取り消し、新たな申請を必要とする措置を実施した。さらに二月二七日には、日本人と韓国人に対する到着ビザの発給を一時的に停止すると発表。三月三日に日本、韓国、イタリア、イランの国籍保有者に対するビザを無効化、三月一一日には外交や就労などを除く全てのビザの効力をなくし、外国から新型コロナウイルスが持ち込まれることを防ごうと、鎖国とも言える強攻策を打ち出したのだった。

インド国内でも、新型コロナウイルスに対する警戒心が高まり、二月に入ってからマスクや消毒薬といった商品が品薄になり始めた。これと同時に、医療廃棄物としてではなく、単なるゴミとして捨てられるマスクも増えていった。インド政府は、病院などで使ったマスクは専用の容器に入れて、許可されたスタッフが医療廃棄物として適切に処理することを求めているが、徹底されていないケースも散見している。医療廃棄物を処分するのを清掃労働者が行うこともあるという。

インドメディアは、感染の拡大によって一般の家庭から出るマスクなどのゴミにも危険が潜んでいると指摘しており、清掃労働者を通じた感染拡大も危惧《きぐ》されているのが現状だ。

アジア最大のスラムの実情

インドの財務相、シタラマンは三月二六日、八億人の貧困層を対象に、五キロのコメや小麦を三カ月間無料で支給し、農家や高齢者、身体障害者などへの現金給付も盛り込んだ一・七兆ルピー（二兆七二〇〇億円）規模の予算措置を発表した。対象となる「貧困層」が人口の約六割にのぼることも驚きだが、生活支援を充実させると力説するシタラマンが「誰も飢えさせない」と訴えたことが耳に残った。その言葉を裏返せば、ロックダウンによって多くの貧しい人たちが飢えの危機に直面している、ということだからだ。

アジア最大のスラムとされ、一〇〇万人が暮らすムンバイのダラビ地区も、その危機に見舞われていた。住民たちの多くは建設現場などで働いており、ロックダウンによって仕事がなくなってしまい、日銭を稼ぐ手段を失っていた。ダラビ地区で生活支援を行うNGO「ラーン・インディア」（LEARN India）のスタッフ、ムハンマド・シャイク（三九）は、電話口で深刻な声を漏らした。

「ダラビ地区に住む誰もが、コロナウイルスが危険であることを知っています。でも、住民たちにとってより恐ろしいのは、食べ物がなくなることなのです。住民のほとんどが労働者ですが、働く場所を失い、ただ狭い家の中でじっとしているしかないのです」

別のNGOによる調査では、ムンバイのあるマハラシュトラ州でスラムに住む人の七一%が一日一回しか配給を受け取れず、食事が腐っていて体調を崩すケースもあるという。それでも、まだ配給を受け取れるのは幸運な方かもしれない。食料との引き換えに必要な配給カードや、身分証明書を持っていない労働者たちが多いからだ。シャイクたちは、配給を受けられない人たちに食料を届け、配給カードを発行するように当局へ要請するなど、対応に奔走している。だが、当局の反応は鈍い。

ダラビ地区では、四月に入って新型コロナウイルスの感染による死者が確認され、感染者の数も日を追って増加している。マハラシュトラ州は、感染者数がインドの中でも突出して高く、州当局は消毒や封じ込めに躍起となり、生活支援は後回しになってしまった。劣悪な環境に置かれた人たちの不満は高まり、モディがロックダウンの延長を発表した四月一四日には、ムンバイ市内に数千人の労働者たちが集まって抗議し、警官隊と衝突する事態も起きている。

「対策の中に私たちは含まれていないのか」

スラムに住む労働者たちの中で、支援を受けるために必要な配給カードや身分証明書を持っていない人がいるのはなぜだろうか。ダリットの権利向上を求める団体「ダリット・バフジャン・リソース・センター」(Dalit Bahujan Resource Center) によると、トイレなどの清掃労働者の二二%が生体認証による身分証明書を持っておらず、三三%が配給カードを手にしていなかった。発行手続きの情報が届かず、入手しようとしても当局者から多額の賄賂《わいろ》を要求されることもあるという。センターの担当者は、こう説明する。

「出稼ぎ労働者となっている多くのダリットにとって、身分証明書や配給カードを入手するのは以前から難しいことでした。コロナウイルスの感染拡大による混乱で、さらに困難になっています」

ムンバイで支援を受けるために雇用の証明書を出してもらおうとしたダリットが、バスに乗るのを拒否され、一時間半かけて歩いたものの、雇用先からは「コロナにかかっているかもしれない」と立ち入りを拒絶されて、警備員に追い返されたという。

取材で出会った清掃労働者やダリットの人たちに電話を入れると、電波がつながらなかったり、呼び出し音が鳴るだけで出なかったりする人が多かった。連絡の取れた人も、仕事がなくて収入が減り、どうすることもできないといった声がほとんどだ。清掃の仕事はあるものの、相変わらずマスクや手袋は支給されていない。

その一方で、新型コロナウイルスの感染が広まり、政府は手洗いや人との身体的距離を確保するよう呼びかけている。ある清掃労働者は、「私たちの生活では、予防をするにも限界があります。対策の中に、私たちは含まれていないのかという気持ちになります」と話した。

その声は、どこか投げやりな風にも感じた。

おわりに

インドに赴任している間、日本の友人からよく言われた言葉がある。「どう、インドは?」、そして「毎日、カレーを食べているの?」。この二つだ。

一口にインドと言っても、その国土は広大で、北と南では気温も風土も言葉も異なる。それらをひとまとめにしてインドを語ろうとするのは、相当に難しい。カレーの味も、地域やそこに住む人々によって千差万別だ。確かに、ほとんど毎日カレーを食べていたかもしれないが、およそ同じ料理を口にしていたという感覚はない。

どちらにしろ、あまりにもザックリとした問いではあるのだが、それは日本に住む人たちにとって、インドがそれだけ遠い国であるということの表れでもある。「インド」という国名を知らない人はほとんどいないだろうが、詳しいことはあまり知られていないのだ。

私も、そうした「多数派」の一人だった。学生時代はバックパッカーとして貧乏旅行を気取っていたが、バンコクの安宿などで会うインド帰りの旅行者は、「インドに行けば人生観が変わる」といった風情の人が多く、どこか説教臭くて、逆に「インドなんて絶対に行くか」と思ってしまった。

特派員としての最初の赴任地は韓国のソウルで、インドには二〇一六年九月にニューデリーへ赴任するまで、足を踏み入れたことがなかった。私にとっても、インドはカレーくらいしかすぐには頭に思い浮かばない「遠い国」だったのだ。

未知な国だっただけに、歩き回って目に入るすべてのことが新鮮だった。道路を闊歩《かっぽ》する牛たちが引き起こす交通渋滞も、しょっちゅうエアコンが故障して暑さで寝苦しい夜も、そんなものだと思ってしまえば、さほど苦でもない。だが、頭を悩ませたのは「インドをどう伝えるか」ということだった。

韓国で特派員をしていたときは、国内政治や芸能まで、数多くのニュースがあり、いずれも日本からの関心が高かった。歴史的背景や、地理的な近さがそうさせているのだろうが、それに反して、インドの政治に対する日本の関心は低い。インドの宿敵パキスタンとの関係や、少数派であるイスラム教徒の扱い、貧富の格差という現実など、インドを取材すればするほど、自分の中で関心をひくテーマが浮かび上がってくる。だが、日本からすると、遠いインドで起きている一つの出来事に過ぎない。どうニュースを組み立てていけば、日本の読者に伝えることができるのか。そう考えながら、日々を過ごしていた。

そうした中で、一つの切り口になったのが「トイレ」だった。

日本では、ほとんど誰もが清潔なトイレにアクセスすることができ、トイレのある暮らしが日常に組み込まれている。しかし、インドではそうではない。「トイレ」というキーワードで、貧富の差やカースト、都市と農村の格差といった、インドのさまざまな姿が見えてくるのではないか。そう思って、取材のためにインド各地を歩いた。そこから見えてきたのは、経済成長という言葉の陰でさまざまな問題を抱え、多くの人たちが苦闘しているインドの姿だった。

矛盾や問題を抱えながら、一三億の人々が暮らしているインドを間近に見て、それまでの「遠い国」という壁は、いつしか消え去っていた。「トイレ」からのぞいたインドの姿が、読者にとって少しでも「遠い国の話」ではないと感じてもらえれば、この上ない喜びだと思っている。

二〇二〇年に入ってから、中国を発端に世界中に拡散した新型コロナウイルスの影響で、インドも三月末から全土のロックダウンに踏み切った。その前から国内の移動も難しい状態になりつつあり、トイレに関する取材もいくつかキャンセルに追い込まれてしまい、一部は電話取材で行わざるを得なかった。ロックダウンが続く中、二〇二〇年五月に臨時便に乗ってニューデリーを後にし、三年八カ月にわたるインドでの生活は慌ただしく終わりを告げたのだった。

本書の内容は、共同通信社の記事として配信したものがベースになっている。さまざまな取材現場では、共同通信社ニューデリー支局の現地スタッフ、アシシ・ニジャワン(Ashish Nijhawan)とリニ・ドゥッタ(Rini Dutta)の二人に大いに助けられた。ヒンディー語を解せない私にとって、現地の人々の言葉を英語に翻訳し、さまざまな仲介を行ってくれた二人はとても心強い存在だった。また、コーディネーターのダル・ネール(Dhall Neeru)、ニューデリー支局の同僚だった高山裕康《たかやまひろやす》、和田真人《わだまさと》の両支局長は、私の取材を理解してくれ、サポートを惜しまずしてくれた。こうした人たちの協力なしに、本書を書き上げることはできなかった。心からの謝辞を述べたい。

出版にあたり、角川新書の岸山征寛《きしやまゆきひろ》編集長には、構想段階からさまざまなアドバイスをいただいた。まとまりきらないアイデアを整理していただき、完成まで導いていただいたと思っている。

最後に、さまざまな困難に直面しながらも、ニューデリーでの生活を共に過ごした家族に、心からの感謝を伝えたい。

これからも、決して大文字ではないインドの姿を、下から目線で見続けていきたいと思っている。

二〇二〇年五月

佐藤《さとう》　大介《だいすけ》

主要参考文献一覧

・上羽陽子『インド・ラバーリー社会の染織と儀礼　ラクダとともに生きる人びと』昭和堂、二〇〇六年
・押川文子編『フィールドからの現状報告』（叢書　カースト制度と被差別民　第5巻）明石書店、一九九五年
・ガーヤトリー・デヴィー、サンタ・ラーマ・ラーウ、栗屋利江訳『インド王宮の日々　マハーラーニの回想』リブロポート、一九八八年
・金谷美和『布がつくる社会関係　インド絞り染め布とムスリム職人の民族誌』思文閣出版、二〇〇七年
・金基淑編『カーストから現代インドを知るための30章』明石書店、二〇一二年
・金基淑「インドの女性―ベンガル地方の語りの絵師カーストの女性たち」綾部恒雄編『女の民族誌1　アジア篇』弘文堂、一九九七年
・孝忠延夫『インド憲法とマイノリティ』法律文化社、二〇〇五年

・小谷汪之編『インドの不可触民　その歴史と現在』明石書店、一九九七年
・鈴木真弥『現代インドのカーストと不可触民　都市下層民のエスノグラフィー』慶應義塾大学出版会、二〇一五年
・ダナンジャイ・キール著、山際素男訳『アンベードカルの生涯』光文社新書、二〇〇五年
・長崎暢子『ガンディー　反近代の実験』（現代アジアの肖像8）岩波書店、一九九六年
・中根千枝『家族の構造　社会人類学的分析』東京大学出版会、一九七〇年
・広瀬崇子、近藤正規、井上恭子、南埜猛編『現代インドを知るための60章』明石書店、二〇〇七年
・藤井毅『歴史のなかのカースト　近代インドの〈自画像〉』（世界歴史選書）岩波書店、二〇〇三年
・山際素男『不可触民と現代インド』光文社新書、二〇〇三年
・山崎元一『インド社会と新仏教　アンベードカルの人と思想』（刀水歴史全書3）刀水書房、一九七九年
・Azad Ray, *The Legend of Narendra Modi*, Invincible Publishers, 2016
・Eleanor Zelliot, *Ambedkar's World*, navayana, 2004
・Diane Coffey, Dean Spears, *Where India Goes: Abandoned Toilets, Stunted Development and the*

Costs of Caste, HarperLitmus,2017

・Narender Thakur,Vijay Kranti,*ABOUT RSS*（*RASHTRIYA SWAYAMSEWAK SANGH*）

他に「The Hindu」「Hindustan Times」などインド紙の報道を参考にした。

本書は書き下ろしです。
本文中に登場する方々の年齢・肩書きは、
いずれも取材時のものです。

佐藤大介（さとう・だいすけ）
共同通信社記者。1972年、北海道生まれ。明治学院大学法学部卒業後、毎日新聞社入社。社会部などを経て2002年、共同通信社入社。06年に外信部へ配属され、07年６月から１年間、韓国・延世大学に社命留学。09年3月から11年末までソウル特派員。帰国後、経済部で経済産業省を担当するなどし、16年9月から20年5月までニューデリー特派員。インド各地の都市や農村だけでなく、スリランカ、バングラデシュなどの周辺国も担当し、取材で現地をめぐってきた。同6月より外信部所属。著書に『オーディション社会　韓国』（新潮新書）、『ドキュメント 死刑に直面する人たち』（岩波書店）などがある。

13億人《おくにん》のトイレ
下《した》から見《み》た経済大国《けいざいたいこく》インド

佐藤大介《さとうだいすけ》

2020年 8月 10日　初版発行
2024年 10月 20日　6版発行

発行者　山下直久
発　行　株式会社KADOKAWA
〒102-8177　東京都千代田区富士見2-13-3
電話　0570-002-301（ナビダイヤル）
装丁者　緒方修一（ラーフイン・ワークショップ）
ロゴデザイン　good design company
オビデザイン　Zapp!　白金正之
印刷所　株式会社KADOKAWA
製本所　株式会社KADOKAWA

角川新書

ISBN978-4-04-082361-4 C0295